AF266396

VOYAGES DANS L'OYAPOCK.

VOYAGES

FAITS DANS L'INTÉRIEUR

DE

L'OYAPOCK

EN

1819, 1822, 1836, 1842, 1843, 1844, 1845, 1846 & 1847,

PAR

THÉBAULT DE LA MONDERIE.

NANTES,

And GUÉRAUD ET Cie, IMPRIMERIE-LIBRAIRIE

DU PASSAGE BOUCHAUD.

1856.

PRÉFACE.

L'attachement au pays natal reste gravé si profondément dans le cœur de l'homme, que ni les autres affections, ni même le temps, qui efface tout, ne peuvent le faire disparaître. Aussi, un de nos compatriotes, M. Frédéric Thébault de la Monderie, après quarante-deux années de séjour en Amérique, est-il heureux de se retrouver parmi nous, et a-t-il arrêté le projet de revenir à Nantes achever sa carrière. Chargé par lui d'imprimer le journal de ses voyages et de ses découvertes, nous avons reproduit scrupuleusement son manuscrit, dans la crainte d'altérer sa pensée. Sans doute, M. Thébault de la Monderie n'est pas un littérateur; mais c'est un voyageur dont le jugement, la bonne foi, la simplicité et la modestie le placent bien au-dessus de ceux qui ajoutent à leurs récits mille détails de leur invention, dans le seul but de briller et d'éblouir. Il est regrettable, toutefois, qu'il n'ait pas donné sur certains points de plus amples développements; d'autant plus regrettable, qu'il est en parfait état de les fournir.

Un mot sur la famille de cet intéressant et utile voyageur et sur lui-même, car son nom est presque complétement oublié dans notre pays, où ses ancêtres ont cependant occupé un rang honorable.

Pierre Thébault de la Monderie, conseiller du roi, son procureur en la maîtrise particulière des eaux, bois et forêts de la ville et comté de Nantes, était allié à plusieurs anciennes familles. Il fut élu député de la ville aux états de Bretagne, en 1764[1]. Marié à Élisabeth-Charlotte Delaire, il en eut, le 29 novembre 1756, un fils appelé Aimé-Jacques-André. Celui-ci, nommé, vers 1792, procureur général syndic du département de la Guyane française, y séjourna

---

1 *La Commune et la Milice de Nantes*, par Mellinet, t. V, p. 193.

quelques années et se maria avec Jeanne-Élisabeth-Pauline Grimard, appartenant à l'une des premières familles de la colonie. De retour dans notre ville, il y mourut le 11 juin 1814; c'est le père de celui qui nous occupe, et qui suit.

Frédéric Thébault de la Monderie, né le 18 pluviose, an V (6 février 1797), à Nantes, partit, après le décès de son père, pour la Guyane, où résidaient les parents de sa mère. Il acquit promptement l'estime publique, et fut nommé lieutenant des milices de Cayenne, le 26 avril 1821. C'est en cette qualité qu'il a rendu de véritables services. Son courage et son sang-froid lui permirent, dans plus d'une circonstance, de lutter avec avantage, comme le prouve le récit des journaux du temps. De plus, il a sauvé, à différentes reprises, des nègres qui, sans lui, se seraient noyés. Nous ne parlerons pas de ses établissements, non plus que de ses voyages; nous dirons seulement qu'il a été le premier à explorer, avec une hardiesse bien digne d'éloges, les curieuses et riches contrées de l'Oyapock, et qu'il a doté Cayenne et ses alentours de la *salsepareille*, plante qui, jusqu'à sa découverte, ne se tirait que du Brésil et s'achetait presque au poids de l'or. Toujours dévoué à la colonie, il voulait y fonder des ménageries pour l'élève du bétail de boucherie; mais, trop modeste pour intriguer, il se contenta d'adresser au Gouvernement français certaines propositions qui, prises d'abord en sérieuse considération, ne trouvèrent pas dans l'administration locale toute la sympathie sur laquelle il était en droit de compter. Si M. Thébault de la Monderie eût été encouragé et soutenu, nous ne doutons pas que cet ardent et courageux voyageur n'eût rendu de grands services à la science et au pouvoir. On lui fait aujourd'hui des propositions; mais son âge, bien qu'il jouisse encore de toutes ses forces et de toutes ses facultés, ne lui permet plus de les accepter.

Espérons que la publication de ses précieuses notes, toujours prises sur les lieux, sera surtout utile à ceux que leur intrépidité engagera à marcher sur les traces de celui qui, le premier, n'a pas craint d'aller dresser le plan d'un pays en apparence impraticable.

Armand GUÉRAUD.

VOYAGES

DE L'OYAPOCK.

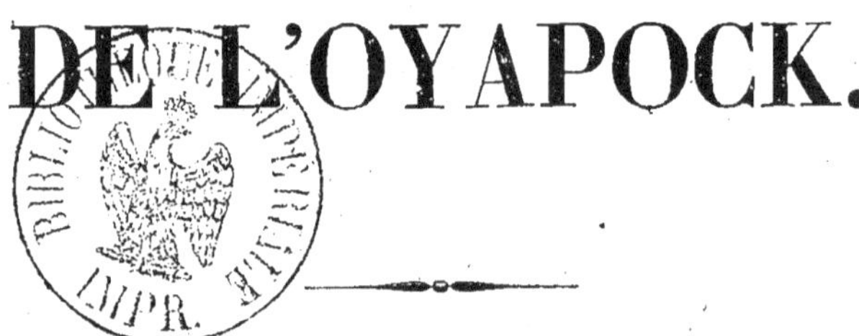

Après avoir fait quelques voyages dans le quartier d'*Oyapock*, je fus pris du désir d'en connaître l'intérieur ; les renseignements que je me procurai m'enhardirent, et mon départ fut résolu. Je communiquai mon projet à un de mes amis, qui me témoigna tout le plaisir qu'il éprouverait à m'accompagner. J'accédai volontiers au désir de M. Charvet, ancien militaire, congédié comme sergent-major.

Départ de Cayenne. (4 *septembre* 1819.) — Nous fîmes donc tous nos apprêts de voyage, consistant en marchandises pour échanges et en provisions de bouche ; et, le 4 septembre, nous partîmes de Cayenne, pour nous rendre au quartier d'Oyapock, préalablement munis des notions nécessaires pour reconnaître la salsepareille et le quinquina. La goëlette la *Magdeleine*, commandée par M. Yo (Roméo), nous conduisit, en fort peu de temps, dans ce quartier inexploré.

Arrivée chez la veuve Popineau. (*22 septembre.*)
— Aussitôt notre arrivée, nous nous rendîmes chez la dame veuve Popineau, qui nous reçut de la manière la plus cordiale, et nous mit à même de nous procurer des objets indispensables pour notre voyage, tels que canots, vivres pour les Indiens, etc. Nous éprouvâmes beaucoup de difficultés à nous procurer des Indiens, qui ne se souciaient pas d'entreprendre un voyage aussi long que celui que nous allions exécuter.

Nous partîmes de chez Mme Popineau le 1er octobre, à six heures du matin.

Nous ne nous attacherons point à décrire les nombreux îlets qui se trouvent dans cette rivière d'Oyapock : il faudrait trop de temps pour en faire la description et les visiter, surtout n'étant pas éloigné de l'hivernage, qui, dans ces endroits, se fait sentir beaucoup plus tôt que sur le littoral de la mer. Nous nous contenterons de parler des rivières, des criques, de la direction de leurs cours, de celle de la principale rivière, et de nos haltes pour coucher.

Nous allions visiter un peuple inconnu jusqu'alors, les *Indiens Oyampis;* étudier les mœurs de cette peuplade, observer le caractère de ses habitants. Le but principal de notre voyage était la recherche de la salsepareille, plante précieuse qui constitue une des branches principales du commerce du Brésil. Après deux heures de navigation, nous arrivâmes au premier saut, appelé par les Indiens saut *Grandes-Roches*[1]. A la vue de cet amas de rochers qui barrent entièrement la rivière, on croirait impossible à des embarcations de pouvoir les franchir ; mais des Indiens qui s'y étaient rendus en grand nombre pour nous faciliter le passage, nous aidèrent à franchir ce grand saut, ce qui était exécuté à dix heures du matin. Dans la journée, nous

1 Le saut Grandes-Roches a 30 pieds de hauteur et 3 chutes d'eau.

en, traversâmes plusieurs[1]; et le soir, rendus au 4ᵉ saut, nous y couchâmes chez un Indien, dont toute la famille se composait de douze personnes. Cette famille d'aborigènes ne cultive que du manioc et quelques cotonniers pour son usage.

Rivière Quéricourt[2], *rive droite.* — Le lendemain, nous partîmes à six heures du matin ; et, après une heure de navigation, nous étions à l'embouchure de la rivière *Quéricourt,* courant au N.-N.-E. On y voit encore, dans cet endroit, les ruines du premier établissement que forma Alexis, vieil Indien au service des missionnaires. On y voit aussi des cacaoyers presque séculaires, et un autre établissement habité par six Indiens. Nous nous y sommes rafraîchis et avons bu du *cachiri,* boisson indienne faite avec de la cassave mâchée et fermentée pendant deux ou trois jours. Cette boisson est leur plus grand régal ; ils solennisent certains jours en se gorgeant de ce breuvage, qui les met dans un état complet d'ivresse. Nous passâmes la nuit dans cette habitation.

Le lendemain, 3 octobre, nous partîmes à six heures du matin ; et, après deux heures de navigation, nous arrivâmes au saut Cachiri[3], après en avoir franchi deux plus petits. Nous mîmes à terre au carbet du capitaine Candide, à huit heures du matin. Cet Indien, d'origine africaine, nous reçut peu cordialement ; néanmoins, il nous prêta du monde pour nous aider à franchir le saut, dans l'intention toutefois de soulager les Indiens qui étaient avec nous, et nullement pour nous être agréable. Ceux qui nous avaient aidés à

---

1 Le 2ᵉ saut a 28 pieds de hauteur, et 4 chutes.
 Le 3ᵉ — 10   —   3 —
 Le 4ᵉ — 12   —   6 —
2 Les Indiens disent *Krécou.*
3 Il a 100 pieds de hauteur, et 18 chutes d'eau.

passer le saut, furent pleinement satisfaits de notre géné-
rosité.

Le capitaine Alexis. — Après six heures de canotage, nous arrivâmes chez le capitaine Alexis, auquel nous
avons fait comprendre, au moyen de notre guide, qui nous
servait d'interprète, le but de notre voyage. Ce vieillard,
âgé d'environ 75 à 80 ans, avait été nommé chef de sa tribu
du temps de Louis XVI et avait accompagné M. Le Blond
dans le voyage qu'il fit dans le haut de cette rivière en 1787.
Nous fûmes parfaitement accueillis par ce bon vieillard et
par toute sa famille, se composant de huit personnes. Nous
séjournâmes quelques jours sur cette habitation.

Depuis notre départ de chez Mme Popineau, nous avions
éprouvé beaucoup de contrariétés : une grande partie de
nos munitions étaient perdues; il ne nous restait qu'environ
une vingtaine de coups à tirer, et, pour surcroît de malheur,
l'échantillon de quinquina que nous avions se trouva égaré.
Le but de notre voyage, c'est-à-dire un des buts, était de
découvrir s'il existait dans ces régions, cet arbre précieux.
M. Le Blond, médecin naturaliste, avait été envoyé à la
Guyane par Louis XVI en 1787, pour rechercher cet arbre;
il explora la rivière pendant plus de trente lieues, mais
sans succès.

Échange de canot. — Comme il fallait échanger
notre canot contre un plus petit, attendu qu'il nous aurait
été impossible de continuer notre voyage avec le nôtre,
nous le fîmes avec notre guide Alexis. Nos préparatifs étant
achevés, nous partîmes le 8 octobre, à sept heures du matin. Nous fîmes route parmi un amas de rochers bordés de
précipices. Il ne faut pas manquer de courage dans ces endroits difficiles et dangereux : l'eau y mugit et bouillonne
avec fureur à travers ces rochers, qui vous offrent d'effrayants précipices qu'il faut pourtant franchir. C'est là
que le voyageur assez intrépide pour entreprendre de pa-

reilles explorations, doit s'armer de tout le courage que lui a départi la nature. Oui, l'homme le plus intrépide doit frémir à l'aspect de tous les dangers qu'il y a à surmonter dans une semblable excursion. Il doit s'attendre à tout : tantôt à se voir abandonner par ses Indiens, tantôt à pourvoir lui-même à sa triste nourriture; tantôt il se voit obligé d'accepter, sans moyens de faire autrement, les caprices des saisons, inconstantes dans ces régions de grands bois et de solitude; enfin, il est exposé à mille autres dangers qui ne cessent de l'environner dans cette pénible course.

Une heure après notre départ, nous nous trouvions à l'embouchure de la rivière *Armontabo,* courant au N.-N.-O. et située sur la rive gauche de l'Oyapock, que nous remontons.

Nous passâmes, dans cette journée, plusieurs sauts plus dangereux les uns que les autres. Là se voient encore les ruines d'anciens établissements d'Indiens et quelques arbres fruitiers.

Ancienne Mission de Saint-Paul. — A deux heures de l'après-midi, nous arrivâmes à l'Ancienne Mission de Saint-Paul, que nous avons relevée au S.-S.-O. ¹⁄₄ O.; nous nous y arrêtâmes. On y voit, mêlés parmi les grands bois, des cocotiers, des cacaoyers, des cafiers, et quantité d'autres arbres fruitiers plantés par les missionnaires; on y voit aussi les ruines de l'église et du presbytère. En contemplant ces tristes restes, des souvenirs pénibles viennent s'ajouter aux appréhensions accablantes du voyageur au milieu de ces contrées désertes. Des larmes d'attendrissement coulent de ses yeux en songeant au bien moral et physique que faisait dans ces déserts la mission de Saint-Paul. Ce bien civilisateur est encore présent à la mémoire des anciens colons d'Oyapock : ils se rappellent ces sauvages accourant en foule, du fond de leurs habitations isolées, pour écouter la parole divine, aussitôt que le son de la cloche se faisait entendre.

Nous allâmes sur un rocher peu éloigné, pour y passer la nuit, et nous nous endormîmes en méditant sur l'instabilité des choses de ce monde. Cette nuit fut magnifique : la lune brillait pure et radieuse sur un ciel sans nuages ; parfois, les hurlements du tigre et ceux de quelques autres animaux venaient troubler le profond sommeil que les fatigues de la journée nous avaient procuré.

Le 9, nous nous mîmes en route à six heures du matin, et dans la journée nous passâmes devant un autre établissement des anciens missionnaires. Près de là, se trouve l'embouchure de la rivière *Notaille* et un carbet d'Indiens dans la direction du S.-S.-E., rive droite.

Pendant la navigation de cette journée, nous passâmes huit sauts ou cataractes, à travers des rochers sans nombre ; nous nous arrêtâmes au dernier, à cinq heures du soir, pour y passer la nuit.

Voyant que le temps était magnifique, nous ne crûmes pas devoir nous fatiguer à construire un carbet ; mais, vers les neuf heures du soir, un orage effrayant se prépara dans le ciel ; peu après, des torrents de pluie, accompagnés d'éclairs et de tonnerre, nous assaillaient, au milieu de la nuit la plus obscure que l'on puisse imaginer.

Coup de tonnerre. (10 *octobre*.) — Le tonnerre tomba à environ quinze pas de nous, et un moment nous fûmes suffoqués par l'odeur de soufre qui accompagne toujours ce phénomène. Nos Indiens étaient tellement intimidés, qu'ils voulaient nous abandonner ; ils croyaient que c'était notre boussole qui avait attiré la foudre si près de nous. Mon compagnon de voyage voulut les réprimander vertement ; je l'apaisai pourtant, en lui faisant comprendre que ce serait une imprudence qui nous ferait perdre ces hommes, sans lesquels il nous aurait été impossible de continuer notre course.

Il ne faut jamais reprocher trop vivement à un Indien

les torts qu'il peut avoir; quand il en a, il en convient lui-même : agir autrement, c'est le décourager, et le pousser à vous quitter. Ces hommes sont insouciants, paresseux, sans activité.

Caïmans et Couleuvres. — Le 11 octobre, à six heures du matin, la pluie avait cessé; nous nous embarquâmes immédiatement. Toute cette journée fut consacrée à faire la chasse aux caïmans et aux lézards. Nous tuâmes aussi une énorme couleuvre de vingt-cinq pieds de longueur, tenant encore dans sa gueule une tortue de terre, dont elles sont très-friandes, au dire des Indiens. Sur ces entrefaites, un de nos chasseurs qui s'était enfoncé dans le bois, arriva tout haletant nous dire qu'il avait aperçu un *homme des bois :* nous ne le crûmes point; au reste, il aurait été imprudent à nous de nous aventurer au milieu des bois, avec le seul fusil qui nous restât.

Arrivés à l'embouchure de la rivière du *Camopi,* rive gauche, nous y passâmes la nuit, et, le lendemain, 12 octobre, nous nous remîmes en route; route fatigante, à cause de la grande quantité de rochers qui obstruent le passage. Dans le cours de notre navigation, nous recueillîmes une grande quantité d'œufs de tortue, et nous prîmes du poisson délicieux. Les tortues sont très-communes dans ces parages, et faciles à prendre. A chaque fois que l'on rencontre un arbre appelé *cimarouba,* s'il est fleuri, on peut aller hardiment à cet endroit; on y trouve quantité de tortues, qui recherchent cette fleur comme nourriture. L'écorce des racines du cimarouba procure un excellent vermifuge.

Les tigres, très-communs dans ces parages, font une guerre désolante aux tortues, dont ils sont très-friants; leur chair, en effet, est saine et délicate.

Nous passâmes à l'embouchure de la rivière *Iari,* à quatre heures; cette embouchure court dans le S -S.-E., et la rivière se trouve sur la rive droite de l'Oyapock. Un quart d'heure après, nous carbétions sur la rive gauche. De cet endroit on découvre dans le lointain une plaine semblable à une prairie de France un peu avant la moisson, sillonnée par des ruisseaux d'une eau limpide coulant sur un fond de sable blanc et fin.

Facilité pour la vie. — Le 13 octobre, nous continuâmes notre route, en recueillant, chemin faisant, une énorme quantité d'œufs de tortue. La nature, libérale dans cet endroit, pourvoit abondamment à la nourriture de l'homme, qui n'a qu'à se donner la peine de la ramasser. Les habitants de cette contrée sont mille fois plus heureux que l'ouvrier des cités d'Europe, obligé de travailler péniblement pour obtenir une nourriture souvent insuffisante et de mauvaise qualité. C'est dans ce riche quartier d'Oyapock qu'on devrait coloniser les Européens, en les faisant cultiver le café, le cacao, la vanille, le rocou, etc., etc.

Montagne de roches. — Nous étions entourés de bien-être : position charmante, œufs de tortue en abondance, gibier de toute espèce que nos Indiens avaient fléché ; nous étions heureux. Au loin apparaissait une montagne très-curieuse et très-élevée, formée uniquement de rochers superposés ; l'œil n'y découvre aucune trace de végétation. Elle est élevée de plus de cent toises au-dessus du niveau de la rivière, et a la figure d'un pain de sucre. Du sommet on découvre de lointaines et immenses savanes : d'un côté, on aperçoit un grand marécage surmonté d'une verdure de toute beauté, parsemée çà et là de bouquets d'arbres de différentes espèces couverts de fleurs variées ; de l'autre côté, aussi loin que la vue peut distinguer, se voit la rivière d'Oyapock, courant dans le sud, dont l'œil se fatigue à suivre les nombreux contours. On entend autour de soi le mugissement des nombreuses cataractes qui vous environnent : à l'ouest, l'œil se repose avec plaisir sur un plateau d'une verdure chatoyante. Je doute qu'il existe dans la nature un plus beau coup d'œil.

Dans cette journée, nous traversâmes neuf sauts, mais moins difficiles que les précédents; après quoi nous nous sommes trouvés à l'embouchure de la rivière d'*Iaroupi*, affluent de l'Oyapock, rive gauche, dans la direction O.-S.-O. A cinq heures, nous nous sommes arrêtés sur la rive droite. Un temps superbe avait, toute la journée, protégé notre course au milieu des cascades et des rochers.

Accidents. — Le lendemain, 14, nous partîmes à l'heure accoutumée, six heures du matin. Nous passâmes huit sauts; mais, au neuvième, un funeste accident faillit nous arriver : en le franchissant, mon brave compagnon de voyage fut emporté par les courants, et aurait infailliblement perdu la vie sans le secours de deux Indiens qui se précipitèrent après lui dans le torrent mugissant, et le ramenèrent à terre.

Nos Indiens ayant aperçu dans la rivière un tapir ou *maïpouri,* s'élancèrent tous après, et nous laissèrent seuls dans le canot, qui, n'ayant plus une impulsion assez forte pour le maintenir, fut entraîné par le courant vers une cascade voisine; et nous allions y tomber, lorsque nos hommes accoururent et nous retirèrent de ce danger. Mon compagnon éprouva un tel effet des deux secousses, coup sur coup, qu'il venait d'éprouver, qu'il fut atteint d'une assez forte fièvre, aggravée par une énorme contusion reçue dans son premier accident. A quatre heures, nous avons gagné la terre, pour nous reposer.

Piqûre de serpent grage, & remède. — Le 15, arrivés à l'embouchure de la rivière *Moutoura,* nous l'avons relevée à l'E.-S.-E. Un de nos Indiens fut piqué par un serpent grage, espèce très-dangereuse à la Guyane; aussitôt, il prit un tison et l'appliqua à plusieurs reprises sur la partie piquée, de manière à former une plaie. Ce remède fut efficace ; car, deux jours après, l'Indien était radicalement guéri.

Ces tribus sauvages n'ont d'autres remèdes que le feu pour toute espèce de piqûre venimeuse. Pour toutes les espèces de fièvres, ils emploient, comme vésicatoire, la morsure des fourmis appelées par eux *taïropou,* et par nous *fourmis flamandes;* ils ne se servent que de leurs têtes, qui contiennent des serres qui leur font pousser des poches d'eau tout à fait pareilles à l'effet de nos vésicatoires. Ces fourmis ont de 15 à 18 lignes de longueur, et leur piqûre (*par la queue*) vous occasionne une forte fièvre. Je peux en parler savamment, j'ai passé par cette épreuve. Notre direction n'a varié, de toute la journée, que de deux quarts. Nous n'avons passé que trois cataractes de peu d'élévation, et par conséquent peu dangereuses. Nous avons carbété après la troisième, sur le bord de la rivière, dans les grands bois.

Le 16, au matin, notre départ a eu lieu à sept heures, et nous avons eu la direction S.-S.-O., que nous avons continuée par un très-beau temps, mais une chaleur accablante. Nous passâmes neuf sauts, mais sans grande importance ; le plus élevé n'avait, tout au plus, que huit pieds. Ce jour, notre direction a varié de six quarts à l'E., vers les deux heures. Enfin, à trois heures, nous sommes venus carbéter sur la rive gauche, n'en pouvant plus de lassitude, occasionnée par la grande chaleur de cette journée.

Le 17, afin de rattraper le temps perdu la veille, nous nous mîmes en route à cinq heures du matin. Le temps a été mauvais pendant toute la journée. Nous avons suivi la même direction que la veille. A sept heures, nous avons passé une crique appelée *Iingara* par les Indiens, située sur la rive droite, courant E.-S.-E. Nous allions dans la direction sud ; et, à neuf heures, nous avons atteint le premier carbet des Indiens Oyampis, situé sur la rive gauche, à l'ouest.

Premier carbet des Indiens Oyampis. — Ce carbet sert de poste à toute cette peuplade. Nous nous y rendîmes, et trouvâmes trois Indiens Oyampis, qui nous firent bon accueil. Ils envoyèrent tout de suite, par terre, l'un d'eux prévenir tous les villages dépendant de leur nation, de notre arrivée parmi eux. Ils nous annoncèrent qu'ils étaient en guerre avec plusieurs nations voisines, les Grandes-Oreilles et les Mérillons. Nous leur demandâmes ce qu'ils faisaient de leurs prisonniers, ils nous répondirent qu'ils les tuaient tous sans exception ; qu'ils faisaient la guerre avec des flèches ; que, quand un village voulait déclarer la guerre à un village voisin, un villageois cherchait un sentier dans le bois, fréquenté par les habitants du village avec lequel il voulait être en guerre, et qu'au milieu de ce sentier il plantait une flèche la pointe en haut, et que quand il voulait la paix, il la plantait la pointe en bas.

Après nous être assurés qu'il ne nous arriverait rien de fâcheux dans leur grand village, et après plusieurs cadeaux de toile bleue que nous leur offrîmes pour cacher leur nudité, cadeaux dont ils ne firent aucun cas, car peu après nous les vîmes s'en débarrasser pour rester dans leur état de nudité, nous nous embarquâmes, emmenant deux d'entre eux avec nous. Nous partîmes à dix heures du matin, naviguant toujours parmi les rochers.

Pendant notre navigation, nous tuâmes plusieurs biches et plusieurs *capiaïes* que nous fîmes boucaner le soir, pour en conserver la chair plus longtemps ; précaution qui nous a été utile.

Notre direction n'a pas éprouvé de changement dans cette journée. A quatre heures de l'après-midi, nous nous arrêtions sur la rive droite, pour passer la nuit, qui fut fort mauvaise, à cause de la pluie et du tonnerre.

Le 18, nous nous mîmes en route à six heures du matin ; et, une heure après, nous entrions dans une crique appelée

par les Indiens : *Oyampi-Suacari,* rive gauche, direction à l'ouest.

Crique oyampie. — C'est à la tête de cette crique que les Oyampis se sont établis ; elle est obstruée par de nombreux arbres tombés et des branches. Pour avancer, il fallait, la hache à la main, se frayer un chemin au milieu de cet amas de bois ; heureux de ne rencontrer que de temps en temps quelques gros rochers sur lesquels il fallait faire passer notre embarcation, déjà fort amincie par son passage continuel sur ces rochers.

Carbet oyampi. — A cinq heures du soir, nous arrivâmes enfin au premier carbet des Indiens Oyampis, rive droite de la crique ; le chef, ainsi que ses subordonnés, prévenus de notre arrivée, nous reçurent avec la plus parfaite cordialité. Ce premier village se composait d'environ douze personnes, tout compris. Nous fûmes entourés d'hommes et de femmes, dont la nudité n'était pas même dissimulée. Les femmes regardèrent dans nos chemises ; elles ne revenaient pas de nos vêtements. Nous leur fîmes quelques cadeaux, dans l'espoir de les voir se couvrir ; peine inutile, elles ne firent pas plus de cas de nos cadeaux que les premiers Indiens à qui nous les avions prodigués. Nous ne comprenions rien à leur langage.

On nous servit une espèce de bouillie faite avec du manioc et des bananes, accompagnée toujours du cachiri en grande quantité. Nos Indiens s'enivrèrent tous, ce qui rendit la nuit assez orageuse ; mais, à six heures du matin, tout était rentré dans l'ordre.

Route par terre. — Le 19, nous partîmes pour nous rendre au quartier général, que nous croyions très-près de là ; le chef de cette tribu nous envoya quelques Indiens pour porter notre bagage, car notre voyage se faisait par terre. Ayant laissé notre canot, et accompagnés de nos nouveaux guides, nous nous acheminâmes vers le quartier général. Toujours impatient, j'avais devancé notre petite caravane de quelques pas ; peu d'instants après, je m'aperçus que je m'étais égaré dans ces immenses forêts. J'eus assez de peine à rejoindre nos guides ; j'errai plus de quatre heures dans les bois : enfin, ayant découvert un sentier, je le suivis et j'arrivai au quartier général. Chemin faisant, je rencontrai souvent des Indiens armés de flèches, qui fuyaient à mon approche. Plus tard, j'appris que c'étaient des sentinelles avancées.

Arrivée chez les Oyampis. — En approchant du quartier général, j'entendis une musique produite par des tambourins et des roseaux appelés cambrouses : les Indiens célébraient notre arrivée parmi eux. Je rencontrai mon compagnon de voyage, qui commençait à être sérieusement inquiet de mon absence.

Cérémonie d'usage chez les Oyampis. — Tous les Indiens qui se trouvaient là vinrent à notre rencontre, nous entourèrent ; et l'un d'eux, se détachant, s'avança jusqu'à nous, tenant à la main un morceau de coton : de la main gauche il nous en frotta le front. Mon compagnon faisait des difficultés pour se prêter à cet usage ; mais, à ma prière, il consentit à subir ce frottement, que tout étranger, arrivé parmi eux, est dans l'obligation de subir. Cela fait, nous fûmes installés par le capitaine général, sous un hangar spacieux.

Description d'un carbet oyampi. — Les poteaux et la couverture de ce hangar me parurent avoir été travaillés avec art. Plus loin, se trouve un autre hangar où se rassemblent les vieillards des deux sexes ; ils y pendent leurs hamacs, s'y reposent. Les femmes filent du coton, les hommes arrangent des flèches. Un Indien y est toujours de garde, comme pour aller au-devant des voyageurs.

Dans une autre direction, mais à peu de distance, est situé le carbet du capitaine général, où personne autre que lui et ses femmes ne pénètre ; à droite et à gauche de ce logement princier, se voient çà et là d'autres carbets qui dépendent de celui du capitaine.

Ce village est entouré, à quelque distance, d'une petite zone plantée en manioc, peu de rocou et de coton, pour leur usage seulement. L'évaluation que nous avons faite des Indiens composant ce village, se monte à douze cents, enfants compris.

Il existe une quantité d'autres petits établissements aux alentours du village ; il nous a été impossible d'en évaluer la population. Notons un fait assez remarquable : nous nous sommes aperçus que ces Indiens n'avaient, dans leur idiome, ni signes ni mots pour désigner les nombres.

La nuit fut des plus mauvaises ; ces enfants de la nature étaient continuellement autour de nous, curieux de voir ce que nous avions apporté.

Sermon. — Le lendemain matin, à 4 heures, nous entendîmes la voix d'un vieil Indien qui semblait donner des conseils à la multitude assemblée autour de lui, dans un carbet voisin de celui qui nous avait été assigné comme demeure. On nous dit que ce Nestor aborigène exhortait les siens à se bien conduire avec nous ; à nous faire le meilleur accueil possible ; à nous procurer avec abondance la pêche et la chasse, afin d'attirer d'autres voyageurs blancs parmi eux. Le plus profond silence et le plus grand recueillement régnaient dans cette bande sauvage pendant ce sermon, qui fut débité deux fois par jour, matin et soir, et toujours par le même vieil Indien, dont les cheveux blancs et la décrépitude accusaient chez lui l'âge de 75 à 80 ans.

Nous mîmes sous leurs yeux quelques objets que nous avions apportés et qui furent enlevés à l'instant même : ils se précipitaient sur nous et voulaient nous piller. Dix-neuf sabres disparurent en un clin d'œil, et une foule d'autres petits objets, tels que miroirs, peignes, couteaux, etc.

Découverte de la Salsepareille. — Ce jour, je me décidai à faire une chasse, et, à cet effet, j'engageai quelques Indiens à m'accompagner. Dans les nombreux va-et-vient qu'on est obligé de faire à la chasse dans ce pays, je découvris la *salsepareille;* ma joie fut extrême; j'en arrachai autant que je pus porter, et vins la montrer à mon compagnon, qui, de son côté, en fut enchanté. J'avais perdu l'échantillon de quinquina que j'avais apporté de Cayenne, et, à mon grand regret, je ne pus me livrer à la recherche de cette plante utile.

Moralité des Indiens. — Ces Indiens, comme généralement tous les autres, sont dans un état d'abrutissement qui fait honte à la raison, qu'ils ne connaissent pas. L'indolence, chez eux, est le premier des biens; ils ne quittent leur hamac que forcé par la nécessité. Joignez à cela une propension insurmontable à s'enivrer, ce qui leur arrive très-souvent avec du cachiri.

Nous dormions peu; toute la nuit, notre sommeil était interrompu par ces sauvages importuns.

Proposition du Capitaine. — Le 21, aussitôt le lever du soleil, le capitaine, accompagné d'une nombreuse suite, vint nous faire visite; il nous fit proposer, par interprète, des femmes indiennes pour le temps que nous resterions chez lui. Nous le remerciâmes; et, pour motiver notre refus, nous lui dîmes que nous étions mariés et que notre religion nous défendait d'avoir d'autres femmes que celle qui était mariée avec nous. Il trouva cette réponse très-étrange, et, se tournant vers un groupe de sept à huit Indiennes, toutes jeunes, excepté une qui paraissait avoir une trentaine d'années, il nous fit dire que toutes ces beautés étaient à lui seul. Effectivement, après informations, je me convainquis que ces odalisques étaient à lui seul; qu'elles ne sortaient jamais de son carbet sans lui, sous peine d'être tuées. Quand il est dégoûté de l'une d'elles, il la répudie et la remplace par une nouvelle.

Cette nuit nous reposâmes mieux, et ce n'était pas sans besoin.

Préparatifs de danse. Instruments et musique. — Le 22, dès que le jour parut, les Indiens commencèrent les préparatifs d'un grand bal qui devait avoir lieu le lendemain. Les hommes s'occupèrent d'arranger leurs bonnets garnis de plumes, et de se tatouer tout le corps avec du ginipa et du rocou; les femmes installèrent leurs bannières ornées de diverses plumes d'oiseaux sauvages. Leurs instruments sont faits avec des bambous, appelés *cambrouses;* ils sont plus ou moins grands, et chaque instrument ne donne qu'une seule note. Avec ces chalumeaux partiels ils imitent le chant de tous les oiseaux, chant qui leur sert de musique pour danser une danse en rond, triste et monotone; puis ils s'entrelacent et marchent armés de feuilles de maripa, pour appliquer sur le corps des danseurs et danseuses.

Dans cette journée nous fûmes visités dans notre carbet par plusieurs femmes, qui se retirèrent mécontentes du froid accueil que nous fîmes à leurs charmes.

Mariage. — Quant au mariage, ce lien pieux et respecté parmi nous, ils ne le connaissent pas : ils vivent en concubinage; ils se prennent et se laissent selon leurs caprices. Il arrive très-souvent qu'ils élèvent un enfant pour, plus tard, en faire soit un mari, soit une concubine. C'est absolument l'état de nature dans son abjection.

Religion. — Ces Indiens n'ont ni lois, ni mœurs, ni religion; cependant, ils reconnaissent un être suprême et croient à un mauvais génie. Ils n'ont que des notions confuses et à l'état d'embryon sur l'immortalité de l'âme.

L'assassinat est puni de mort. Le grand capitaine veille à la sûreté de tous; il jouit d'un pouvoir absolu, et a droit de vie et de mort sur ses sujets.

Repas. — Les hommes mangent ensemble, et les femmes les servent. Les enfants se nourrissent des débris du repas. Ils ont des baguettes en bois qui leur servent de fourchettes, et sont assis sur de petits tabourets apportés par les femmes, qui s'accroupissent derrière et reçoivent, dans cette position, la nourriture que, de temps à autre, les hommes leur font passer de la main à la main.

Toute l'occupation de ces enfants de la nature consiste en chasse, en pêche; il ne cultivent que le manioc nécessaire à leur consommation annuelle, quelques pieds de coton pour avoir du fil pour monter leurs flèches, et quelques pieds de rocou pour s'en frotter. Les femmes, dans les voyages, portent tout le bagage.

Enfantement. — Dès qu'une femme se sent les premières douleurs, précurseurs de l'enfantement, elle se rend sur le bord de l'eau la plus voisine de son habitation, et là elle dépose, toujours sans difficulté, le fruit de ses entrailles, lui coupe le cordon ombilical avec ses dents, se lave elle-même, et retourne à son carbet. Le mari, s'il n'est pas absent, se couche dans le hamac avec le nouveau né, et l'accouchée fait chauffer de l'eau qu'elle offre à son mari, allume le feu sous sa couche, enfin lui donne tous les soins qu'elle devrait recevoir.

La nuit a été très-fraîche.

La journée du 23 se passa tout entière en préparatifs de la danse qui devait avoir lieu le soir, en honneur de notre arrivée chez eux. Mon compagnon avait la fièvre, qui durait depuis notre arrivée; aussi les Indiens croyaient que c'était son état normal. Il se mettait quelquefois dans d'horribles

,fureurs contre les Indiens qui venaient le visiter et qui l'importunaient beaucoup. Mes observations pour le calmer n'étaient pas écoutées ; ses souffrances avaient aigri son caractère.

Remède violent. — Plusieurs fois pendant la nuit, des Indiens vinrent auprès de lui pour lui appliquer des fourmis, comme ils le font pour eux quand ils sont malades ; il les repoussa rudement, et fit bien, car je ne peux penser qu'un pareil remède puisse guérir de la fièvre. Nous avons été un peu plus tranquilles cette nuit.

Étonnement pour un coup de fusil. — Le 24, de grand matin, le capitaine général me demanda, par la voie de notre interprète, en regardant mon fusil, ce que je faisais de cet objet : je lui fis répondre que c'était pour tuer du gibier, et lui montrai un perroquet qui se trouvait sur un arbre à peu de distance ; je l'ajustai, et immédiatement le perroquet tomba mort. Aussitôt, lui et tous les Indiens qui se trouvaient présents, frappés d'étonnement et de terreur, se jetèrent à terre en tremblant, et me prièrent de ne plus tirer ; cela leur occasionnait une trop grande panique. Ils visitèrent tous le perroquet mort, les uns après les autres, et ne revenaient pas d'une mort si prompte et du coup qui l'avait donnée.

Je fis don au capitaine d'un habit d'uniforme de milice de Cayenne ; il en fut émerveillé. Il nous quitta avec sa suite. Le reste de la journée et la nuit se sont passés en danse ; ce qui ne nous amusait guère, car nous avons été tourmentés toute la nuit.

Invitation à danser. — Mon accoutrement pour le bal. — Le 25, la danse continuait plus vive encore que pendant la nuit, et s'approcha jusque devant notre carbet : alors, trois d'entre les principaux Indiens vinrent à nous et nous invitèrent à venir danser avec eux. Je savais, depuis que je les fréquentais, que pour acquérir leurs bonnes grâces, il fallait obtempérer à leurs désirs ; j'acceptai l'invitation. Ce n'était pas tout, il fallait que je fusse dans le même costume qu'eux : pour cela, il fallut se mettre tout nu ; seulement, une simple bande de toile me ceignait les reins. Il fallut se frotter de rocou de la tête aux pieds, jusque dans les cheveux. Quand je fus bien tatoué avec cette dernière plante et du ginipa, j'apparus dans la danse accouplé avec le capitaine général, qui me prit pour sa danseuse. Cette circonstance enivra de plaisir tous les danseurs ; ils m'appelaient tous leur *banaré* (leur ami), et la danse recommença avec plus de gaieté que jamais.

Je dansai, ainsi accoutré, pendant environ deux heures. Fatigué et ennuyé, je me retirai et allai me mettre dans mon hamac : vain espoir de repos ; ils revinrent me chercher, et je fus forcé de retourner danser avec eux. Enfin, sur les quatre heures, voyant que ces entêtés ne voulaient pas me faire grâce, je prétextai une indisposition ; je fis parler notre interprète en ma faveur, et, à la fin, je fus écouté : ils me laissèrent tranquille. Aussitôt, je me rendis à une fontaine où je me lavai ; mais le rocou dont j'étais imprégné ne s'en alla que quelques jours après. Sur les deux heures du matin, j'entendis la voix d'un vieillard qui les exhortait à cesser une danse qui tombait dans l'excès. Le reste de la nuit se passa peu tranquillement ; les chants des Indiens en troublaient continuellement le silence.

Le 26, dès six heures du matin, commença un autre genre d'amusement assez bizarre. Les nattes que les vieillards avaient tressées avant la danse et dans lesquelles se trouvaient les fourmis flamandes, furent appliquées sur le corps des danseurs et danseuses ; sans une vive résistance, j'aurais eu ma part de cet amusement extraordinaire.

Les femmes et les jeunes filles n'ont absolument rien pour cacher leur nudité ; elles ne paraissent attacher aucune importance à ce manque total de vêtement.

Les Indiens savent reconnaître un bienfait, mais n'ont d'attachement que celui qu'inspire l'intérêt.

Autorité des aînés sur les cadets. — L'aîné de la famille commande aux cadets avec fermeté, mais avec une fermeté mélangée de douceur; ces derniers obéissent spontanément et fort scrupuleusement.

En fait de religion, ils n'en ont pas; ils n'adorent rien, et sont imbus des superstitions les plus absurdes, auxquelles ils accordent une foi aveugle.

Le reste de la journée fut consacré au repos, afin de chasser les miasmes du cachiri, qui leur troublait la tête.

Le 27, la fumée du cachiri s'étant dissipée, nos Indiens se décidèrent à faire une chasse. Je crois que nous serions restés quinze jours sans manger, si la danse avait duré ce laps de temps. Toute la journée, nous fûmes parfaitement tranquilles. Vers le milieu du jour, nous vîmes arriver cinq Indiens de l'intérieur, chargés de salsepareille à notre adresse.

Promenade aux alentours du village. — Je me promenai dans les carbets environnants : j'y vis des femmes qui filaient du coton, et des hommes qui préparaient des flèches. Dans ma promenade, je gagnai la fièvre; je rentrai aussitôt me mettre dans mon hamac. Mon compagnon continuait à être malade, ce qui me contrariait infiniment.

Le 28, je continuai la promenade commencée la veille dans les environs du village : je fus à même de remarquer de grands et spacieux abattis plantés, sans aucun goût, de bananiers, de rocou, de manioc, de patates, d'ignames; ces plantations donnent d'abondantes moissons, quoique toutes ces plantes forment un tohubohu dans lequel on ne peut rien distinguer. J'ai trouvé que la banane, dans ces contrées, était meilleure que celle des environs de Cayenne. Les Indiens plantent toujours, sans s'inquiéter de soigner la plante, qui vient ou ne vient pas, peu leur importe.

Découverte d'Indiens parlant créole. — Parmi eux, j'en ai surpris qui, dans l'ivresse du cachiri, me parlaient créole ; mais, aussitôt l'ivresse dissipée, ils affectaient de ne point connaître cette langue. Un seul, sans avoir les fumées de leur boisson à la tête, me parla cet idiome et m'apprit qu'autrefois il avait été employé par les missionnaires de Saint-Paul. Je le priai de me servir d'interprète, pour renvoyer les importuns qui viendraient de notre côté ; il me le promit, mais n'en fit rien : il disparut peu d'instants après, et me laissa tout seul. Avant cette découverte, nous nous entretenions librement, mon compagnon et moi ; de sorte qu'ils connaissaient nos projets, notre manière d'envisager les choses que nous avions sous les yeux. Heureusement que nous ne commîmes aucune imprudence ; le contraire nous aurait peut-être été fatal.

Ces Indiens élèvent, en grande quantité, des poules, des hoccos, des agamis, et beaucoup d'autres espèces d'oiseaux sauvages qu'ils savent très-bien apprivoiser.

Chiens indiens. — Ils élèvent aussi des chiens, d'espèce sauvage, qui conviennent admirablement pour la chasse, et particulièrement pour celle de la tortue, qui abonde dans ce pays.

En me rendant à notre canot, je rencontrai beaucoup de femmes et d'enfants, qui prirent la fuite à mon approche.

Le 29, accompagné de quelques Indiens, j'allai à la découverte de la salsepareille : mes recherches furent couronnées du plus brillant succès ; j'apportai moi-même un grand nombre de plants. Nous ne pouvions plus guère quitter notre carbet, car nous eussions indubitablement été pillés par ces sauvages. Nous passâmes toute la journée avec la fièvre, qui, jointe à la réflexion, commença à nous faire ouvrir les yeux sur notre position précaire, éloignés que nous étions de tout secours. L'avenir nous parut triste, et je sentis une légère atteinte à mon courage, qui jusqu'alors m'avait maintenu joyeux, malgré les grandes contrariétés que nous avions éprouvées et surmontées. Je pris sur moi, et je me raidis contre le sort : dans cette triste occurrence, il fallait vaincre ou mourir; et nous nous décidâmes, mon compagnon et moi, à employer tout ce qui nous restait de vouloir et de courage à vaincre.

Nous eûmes, ce jour, la visite de huit Indiens de la même bande des Oyampis, habitant le haut de la rivière, sur une montagne où la rivière d'Oyapock prend sa source. Ils mirent une demi-journée pour se rendre près de nous. Ils nous assurèrent qu'encore plus loin qu'eux, il existe d'autres nations. J'aurais bien désiré m'enfoncer plus avant dans l'intérieur; mais l'état de maladie de mon compagnon ne me le permettait pas.

Nos hôtes ont de nouveau dansé toute la nuit, et ont fait de fortes libations de cachiri.

Surprise à l'occasion d'une montre, et perte pour moi. — Le 30, étant absent du carbet, un Indien eut la curiosité de s'emparer de ma montre pour la considérer : après l'avoir plusieurs fois approchée de son oreille, et entendant toujours le bruit ordinaire des montres, il en fut extrêmement étonné; alors, il la frappa contre un des poteaux du carbet, et le ressort se cassa : la montre fit encore beaucoup plus de bruit, les aiguilles tournèrent avec vitesse autour du cadran; effrayé, éperdu, il laissa tomber la montre par terre et se sauva à toutes jambes. Il paraît que ma montre leur avait causé autant de surprise que mon fusil de frayeur.

Remède fait avec la salsepareille. — Je leur fis demander s'ils connaissaient quelques remèdes? Ils répondirent que non. Je leur dis que cependant on faisait de bonne tisane avec la salsepareille. Je les engageai à se rapprocher de nos établissements; ils me le promirent, et s'engagèrent à venir nous voir chez nous.

L'un d'eux était attaqué d'une maladie de la vessie : je le décidai à prendre de la salsepareille, que je préparai moi-même, et, au bout de quelques jours, il éprouva un mieux sensible. Cet homme fut reconnaissant; et, pour me le prouver, il me fit cadeau d'un perroquet. Nous engageâmes ces Indiens à se mûnir d'une grande quantité de salsepareille et à venir avec nous, promettant que nous leur donnerions en paiement tout ce dont ils auraient besoin. Loin d'adhérer à notre proposition, ils s'en moquèrent en riant aux éclats.

En me promenant aux alentours des carbets, je fis la rencontre de deux Indiens qui me parlèrent bon créole; je les interrogeai sur ce fait : ils me répondirent qu'autrefois ils étaient au service des Portugais qui avaient occupé Cayenne en 1815, et que, par suite d'une condamnation à la chaîne pour avoir cherché à se sauver, ils s'étaient évadés plus tard ; et qu'après avoir erré dans le bois plusieurs mois, ne vivant que de fruits sauvages, ils étaient enfin arrivés chez cette peuplade, qui les avait fort bien accueillis, et que, depuis cette époque, ils vivaient avec elle et en faisaient partie. Je leur demandai comment ils avaient appris aussi facilement le langage de cette tribu. Ils me dirent qu'il y avait environ trois ans qu'ils avaient été pris par les Portugais, sur les bords de l'Amazone, conduits au Para, et de là à Cayenne, comme soldats; qu'ils étaient de la même nation que les Oyampis, et qu'ils habitaient une des branches de l'Amazone; qu'à force d'avoir été tourmentés par les Portugais, la bande des Oyampis s'était vue contrainte de venir s'établir à l'endroit où elle est actuellement.

Je passai une partie de la journée à me promener aux alentours avec un pistolet que j'avais à la main; ce qui attira auprès de moi, par curiosité, une foule d'Indiens. Je visitai de nombreux abattis très-spacieux, les uns prêts à être plantés, les autres déjà en culture. Dans les carbets, je comptai une trentaine de personnes de tout sexe et de tout âge. Je passai la nuit au carbet.

Le 31 octobre, à huit heures du matin, nos hôtes et nos visiteurs prirent congé de nous, et partirent contents et satisfaits.

Incursion dans les bois d'alentour. — Offre d'un Indien. — Mon compagnon de voyage, M. Charvet, et moi, sommes partis pour parcourir les bois, accompagnés d'un guide Oyampi et d'un de nos Indiens, pour servir d'interprète. Chemin faisant, je revis les deux Indiens portugais parlant créole : l'un d'eux me proposa de me conduire dans dix jours au Para, sans que j'eusse à courir le moindre danger. J'avoue que si mon compagnon n'eût pas été malade, j'aurais volontiers accepté l'offre qui m'était faite ; mais je ne pus céder à mon désir, et nous résolûmes de nous en retourner le plus tôt possible.

Salsepareille trouvée. — Prétention d'un Indien. — Après avoir marché deux bonnes heures dans le bois, nous trouvâmes une grande quantité de salsepareille ; nous en ramassâmes le plus que nous pûmes, et en arrachâmes quelques plants. L'Indien Oyampi qui nous avait servi de guide fut grassement récompensé. Un autre Indien qui nous apporta quelques livres de cette plante, eut une prétention extrême : il nous demandait une caisse de couteaux pour sa peine. Nous lui donnâmes quelques autres objets, en nous promettant bien de ne plus nous servir d'eux.

Opposition dans leur gouvernement. — Nous apprîmes, dans cette journée, qu'il existait un parti d'opposition dans leur gouvernement ; en voici la cause : le capitaine général auquel le capitaine qui gouverne maintenant a succédé, a laissé un fils qui peut avoir quarante ans, et qui croyait fermement avoir la place de son père par héritage, comme ses frères ; il en fut déchu, parce que le capitaine régnant a prouvé plus de courage que lui dans diverses circonstances.

Indien de l'intérieur. — Arrivent, en ce moment, quinze Indiens Oyampis de l'intérieur, venus exprès pour nous visiter. Après avoir été pleinement satisfaits, ils nous laissèrent en repos.

Préparatifs de notre départ. (1er *novembre*.) — Cette journée fut employée en préparatifs de départ et à la réception d'une quinzaine d'Indiens Oyampis arrivés de très-loin dans le seul but de nous voir : ils nous annoncèrent encore la visite d'un grand nombre de leurs camarades ; mais comme ces derniers venaient de points très-éloignés, il était plus que probable que nous serions partis avant leur arrivée.

Nous fîmes porter nos effets au *dégrad,* c'est-à-dire, à l'endroit où nous avions laissé notre canot, au bas de la petite rivière que nous avions remontée et qui prend sa source à quatre journées de marche du point où nous sommes. Son cours, depuis sa source jusqu'à son embouchure, peut être évalué à 17 lieues ; sa direction est à l'ouest. Elle n'est navigable pour les embarcations que pendant quatre lieues, et seulement du jour où nous y sommes passés ; car avant elle était impraticable, à cause des arbres qui l'obstruaient.

Mauvaise foi d'un Indien. — J'ai remarqué que ces Indiens sont de très-mauvaise foi : nous leur avions livré nos sabres, à condition qu'ils nous donneraient en échange des hamacs, neufs bien entendu ; l'un d'eux nous apporta, à huit heures du soir, un vieux hamac d'enfant, nous le jeta aux pieds, et prit la fuite.

Le 2 novembre, mon compagnon était toujours malade ; et sa maladie avait l'air d'empirer au lieu de diminuer, ce qui m'inquiétait vivement. Nous nous décidâmes à partir, non sans quelques regrets de n'avoir pu continuer notre route, comme nous nous l'étions proposé, et aussi de voir que nous étions obligés d'abandonner ce qui nous était dû des Indiens. Cependant, nous n'avions pas un seul perroquet qui n'eût été payé le double de sa valeur ; nous étions victimes de leur ingratitude, car nous leur avions fait des cadeaux en arrivant, et nous n'avions reçu d'eux aucun témoignage d'amitié ou de reconnaissance : nous n'étions parvenus qu'à exciter leur cupidité et leur envie. La récompense de nos longues fatigues se trouvera, nous n'en doutons pas, dans l'utilité que ce voyage aura pour notre colonie, à cause des plantes que nous y introduirons et des renseignements précis que nous donnerons à ceux qui voudront entreprendre un pareil voyage.

Description de la Salsepareille. — La salsepareille, cette liane épineuse, ne se trouve que dans les grands bois, en terre haute, sur les coteaux qui sont voisins de petites criques, rivières ou ruisseaux. Il faut à cette plante beaucoup d'ombrage. En la plantant, il faut choisir sa place sous un arbre, afin que ses lianes puissent y monter. C'est la racine de cette plante qui est employée comme un des premiers sudorifiques : ses racines sont latérales ; j'en ai vu qui avaient une longueur de 10 pieds, et toujours à fleur de terre, jamais à une profondeur de plus d'un pouce.

Départ du quartier général. — Nous nous sommes mis en route à six heures du matin, pour nous rendre à l'endroit où nous avions laissé notre canot ; nous reprîmes le même sentier que nous avions suivi pour arriver chez les Oyampis ; et, après huit heures de marche à travers les grands bois, nous arrivâmes enfin à notre embarcation, avec une nombreuse suite. Nous nous occupâmes immédiatement à mettre cette embarcation en état de retourner chez nous. Nous installâmes nos plants de salsepareille

dans une caisse, avec tous les soins possibles pour les conserver; nous réussîmes admirablement, car nous ne perdîmes aucun plan.

Nous eûmes encore ce jour la visite de quatre Indiens,
toujours de la même tribu, qui venaient de fort loin. Ils
nous assurèrent qu'ils avaient mis huit jours pour se rendre
près de nous. Ils nous témoignèrent leurs regrets de nous
voir partir sitôt de chez eux, et nous dirent qu'il y avait
encore d'autres de leurs camarades qui étaient en route
pour venir nous voir.

Nous couchâmes dans le même carbet où nous avions
passé la nuit lors de notre arrivée : il y avait beaucoup
d'Indiens des deux sexes; ils ne firent que causer toute la
nuit avec nos Indiens.

Le 3 novembre, nous étions éveillés de très-bonne heure,
et, en attendant le départ, nous parlions de notre prochain
retour parmi nos concitoyens; cet espoir ranima un peu
mon compagnon et lui donna beaucoup de courage. L'idée
de revenir au milieu de ses semblables et d'y trouver les
soins dont nous étions privés dans le fond des grands bois,
lui fit un bien moral et physique qui lui donna la force de
supporter gaiement la part de peines qui nous restait encore
à essuyer. Il serait difficile de peindre la position où l'on se
trouve dans de pareilles circonstances; je laisse au lecteur
à méditer sur cet isolement!...... et surtout quand on est
malade.

Visite des capitaines oyampis. — Nous eûmes,
ce matin, la visite des capitaines, qui vinrent nous faire
leurs adieux. Nous les fîmes déjeuner avec nous et leur
offrîmes des cadeaux, tels que sabres d'abattis, haches,
peignes et couteaux. Ils furent très-satisfaits de nous; aussi,
nous assurèrent-ils que bientôt ils se rapprocheraient de
nos établissements.

Désir d'une Indienne. — Nous remarquâmes une

Indienne de leur bande, d'une beauté remarquable, dont les cris et les lamentations produisirent sur nous une douce sensation; elle voulait nous suivre. Sur les trois heures de l'après-midi, nos capitaines prirent congé de nous avec toute leur escorte, à l'exception de la jeune Indienne, qui s'obstinait à vouloir nous suivre. Cette circonstance m'embarrassa un peu; je ne savais quel parti prendre : l'emmener avec nous aurait pu nous occasionner de grands désagréments; et puis, qu'en aurions-nous fait? Enfin, la nuit se passa à réfléchir sur le parti à prendre à son égard.

Dans la nuit, vers les deux heures du matin, nous fûmes éveillés par le bruit de quelques Indiens qui arrivaient, par ordre du capitaine, pour ramener cette jeune et jolie Indienne, qui voulait à toute force venir avec nous. D'après les renseignements donnés par notre interprète, nous sûmes que cette femme était la belle-sœur du capitaine. Je lui fis dire de s'en aller avec ceux qui étaient venus la chercher, car nous ne pouvions la prendre avec nous cette fois-ci; mais qu'à notre prochain voyage, nous l'emmènerions. Pensant nous en débarrasser et la consoler, nous lui fîmes quelques cadeaux, dont elle fit peu de cas;

Le 4 novembre, cette femme fit encore de nouvelles instances pour venir avec nous.

Départ de la crique Oyampis. — Tous nos préparatifs de départ achevés, nous nous mîmes en route à sept heures du matin; et, après de nombreux efforts pour nous faire passage dans cette crique encombrée de bois tombés depuis notre arrivée, nous parvînmes enfin à son embouchure. L'Indien Louis, qui devait nous accompagner, ne parut pas. Nous navigâmes tout le reste de la journée en descendant rapidement la rivière d'Oyapock. Chemin faisant, nous avons tué un tapir ou *maïpouri* qui traversait la rivière, et ramassé quelques tortues.

Nous arrivâmes au premier carbet indien oyampi, et y

trouvâmes une grande quantité d'Indiens qui étaient venus pour nous voir à notre passage ; il était alors six heures du soir. Nous passâmes la nuit dans ce carbet, où nous fûmes souvent importunés par les questions qu'ils nous adressaient. Ils nous répétèrent qu'ils étaient en guerre avec la peuplade des Indiens appelés *Grandes-Oreilles,* comme ils nous l'avaient déjà dit.

Le 5 novembre, aussitôt qu'il fit jour, nous nous mîmes en route ; mais, avant, nous leur fîmes dire qu'il était plus avantageux pour eux de venir se fixer plus près de nos établissements ; qu'ils trouveraient facilement à se procurer tout ce dont ils pourraient avoir besoin. Ils nous le promirent tous. En nous éloignant du rivage, ils nous faisaient encore des signes d'adieu.

Réflexions sur de pareils voyages. — La rivière est assez belle dans son intérieur ; elle est située au sud de Cayenne. Le pauvre voyageur qui est assez intrépide pour tenter des découvertes dans ces forêts désertes, où la boussole seule peut guider ses pas, à quoi doit-il s'attendre ? A être abandonné des Indiens, perdu, dévoré, ou à mourir de maladie faute de secours, dont il sera privé pendant tout le temps de ce pénible voyage. D'un autre côté, il aura à craindre les *flots,* qui le menaceront de l'engloutir dans ces précipices pavés de rochers qui se trouvent à tous les sauts ou *cataractes ;* il faut cependant qu'il passe au milieu de ces dangers. Oui, dis-je, le voyageur verra plus d'une fois l'eau des cataractes prête à l'engloutir et à le briser contre les rochers. Il n'aura jamais sa nourriture assurée ; car les provisions qu'il aurait apportées seraient consommées ou gâtées par l'humidité ; il se verra donc dans la nécessité de se nourrir de fruits sauvages, comme les Indiens.

L'intérieur de cette rivière donne peu de facilités à la parcourir. Toutes les rivières, sans exception, que l'on remonte, à partir du premier saut, présentent des périls.

Le changement fréquent du niveau de l'eau rend impossible cette navigation autrement que dans de petites embarcations, qu'il faut encore, à chaque saut, faire traverser à bras d'hommes. Souvent il faut gravir, le canot sur l'épaule, des rochers à pic dont la hauteur varie de quinze à cinquante pieds ; quelquefois on en rencontre de perpendiculaires : cette opération offre encore plus de dangers que le passage des sauts.

Le cours des eaux, au milieu de ces forêts silencieuses, y occasionne un bruit épouvantable. Les sinuosités de la rivière forment des points de vue d'une grande beauté. Entre les rochers et les eaux écumantes croît une espèce de limon couvert d'épines dont se nourrit le *pacou,* poisson d'une délicatesse exquise que les Indiens pêchent à la flèche.

L'*aïmara* est le brochet de la Guyane ; il y en a qui pèsent jusqu'à 25 kilogrammes : il est encore meilleur que le pacou. Un autre poisson qui ne le cède en rien aux deux autres, se trouve aussi dans cette rivière. Le *coumarou* ressemble, pour la forme, exactement au pacou ; seulement, il se nourrit de feuilles d'arbres, et de diverses herbes qui croissent le long de la rivière. Le *colimata* est encore un poisson très-délicat.

Le 6, la nuit a été très-pluvieuse. Nous nous mîmes en route à six heures du matin. Plusieurs sauts furent traversés dans cette journée. Nous rencontrâmes, le long de la rivière, plusieurs bandes de *hoccos* ou dindes sauvages ; nos Indiens nous en tuèrent plusieurs. Rendus au dernier saut de cette journée, il nous arriva un malheur qui nous fit perdre plusieurs objets : les Indiens, pour abréger un assez grand détour, voulurent passer dans un endroit très-dangereux ; ils nous mirent à terre, et nous vîmes, peu d'instants après, notre canot et nos Indiens, emportés par la rapidité du courant, se précipiter contre les rochers en descendant une cataracte ; le canot s'emplit, et tous nos objets furent mouillés. Nous perdîmes des hamacs, des oiseaux et quelques animaux vivants que nous apportions comme curiosités. Un grand trou fut fait à notre canot, et nous eûmes beaucoup de peine à le boucher. Nous passâmes la nuit à cet endroit.

Cochons marrons, ou sangliers du pays. — Le 7 novembre, avant de lever le camp, les Indiens, au bruit qu'ils entendirent, reconnurent qu'il y avait, non loin de nous, une bande de cochons marrons ou sangliers ; ils prirent leurs flèches, et coururent à leur rencontre. On m'avait dit, depuis longtemps, que ces animaux, marchant avec une régularité extrême, étaient très-dangereux, et portés à la curiosité ; pour ne pas être surpris seul, je m'armai de mon fusil et suivis les Indiens. Aussitôt que nous les aperçûmes, je fis feu sur un que j'étendis raide mort ; mais, un instant après, je me vis entouré d'une grande quantité de ces animaux, au moins de 200, qui me serraient de près : n'ayant aucun moyen de me soustraire au danger qui me menaçait, j'eus l'idée de monter dans un arbre, qui, malheureusement, n'était pas assez fort pour me porter longtemps ; je fus de nouveau entouré par la bande, et indubitablement j'allais devenir leur victime, lorsque la voix d'un chien appartenant à un de nos Indiens, et qui était habitué à cette chasse, se fit tout à coup entendre : à cette voix, toute la bande de cochons se dirigea du côté d'où elle venait ; ce qui me donna le temps de descendre de mon flexible arbre et de m'en aller bien vite à notre camp.

Cette imprudence, on le voit, faillit me coûter cher ; aussi je me promis bien qu'à l'avenir je ne serais plus si curieux. Nous eûmes néanmoins quatre cochons marrons, qui nous servirent de nourriture pendant quelques jours.

Nous fîmes peu de chemin ce jour, et nous nous arrêtâmes pour coucher, après quatre heures de navigation.

Le 8 novembre, nous nous mîmes en route à six heures du matin, par un temps affreux, pluie et tonnerre toute la journée. Voyant que ce temps ne changeait pas, nous nous décidâmes à camper au premier endroit convenable ; ce fut au saut *Couchiri* que nous nous arrêtâmes, à trois heures de l'après-midi.

Cris des tigres. — Aussitôt à terre, nous entendîmes des cris effrayants qui s'approchaient de nous de moment en moment ; les Indiens nous assurèrent que c'étaient des hurlements de tigre. Il n'y eut pas moyen de les décider à aller chercher des feuilles pour la construction de notre ajoupa. Les cris, s'approchant toujours de nous, nous mettaient dans une triste position ; mauvais temps et pas de carbet. Il fallut bien se résoudre. Sur les onze heures de la nuit, les hurlements se firent entendre tout près de nous, et nos Indiens, peureux naturellement, nous dirent qu'il y aurait danger à rester où nous étions : car, ajoutèrent-ils, c'est sans doute une tigresse en rut suivie de plusieurs mâles, et, dans ce moment de leurs amours, ils sont très à craindre ; qu'il fallait leur céder la place, et nous réfugier sur un rocher au milieu de la rivière, ce qui fut immédiatement exécuté. Nous ne dormîmes pas, et jusqu'à trois heures du matin nous entendîmes ce concert infernal tout près de nous.

Le 9, au matin, le temps parut se mettre au beau ; nous partîmes à six heures, fatigués d'avoir passé une nuit blanche, avec la pluie sur le dos.

Crainte des Indiens. — Nous nous décidâmes à aller passer la nuit sur un rocher au bord de la rivière, rive gauche ; mais nos Indiens ne parurent pas satisfaits de ce choix : ils répondirent à mes questions sur ce fait, que cet endroit ne valait rien, qu'il était fréquenté par de mauvaises bêtes. Je ne pus tirer d'autres éclaircissements. Voyant leur crainte, je dis au patron que j'étais décidé à changer d'endroit si cela leur convenait. Aussitôt, la joie brilla sur toutes les figures indiennes ; ils s'embarquèrent lestement, et nous allâmes mettre à terre au pied d'une montagne nommée *Moutou-Didia*, qui signifie montagne Diable. Quoique ce lieu eût été choisi par eux pour passer la nuit, je m'aperçus néanmoins qu'ils ne dormaient pas, qu'ils étaient inquiets ; ils avaient allumé un grand feu, autour duquel ils passèrent toute la nuit.

Le 10, nous nous mîmes en route à six heures du matin ; le chemin que nous avions à faire dans cette journée était très-pénible, vu la grande quantité de sauts dangereux que nous avions à passer.

La pluie et le tonnerre nous ont accompagnés toute la journée ; par intervalle, un soleil brûlant nous dévorait, pour ensuite faire place à la pluie.

Nous trouvâmes beaucoup d'œufs de tortue, et deux *capiaïes* que nous tuâmes. Ce dernier animal n'a pas une chair délicate ; elle est aussi imprégnée d'une odeur assez désagréable. Cependant nous en mangeâmes, ne pouvant nous procurer autre chose.

Nous sommes venus carbéter au saut *Ouail-ouail-roux*, que nous avions passé dans la journée du 8 octobre précédent. Là nous dormîmes d'un profond sommeil, dont nous avions grand besoin ; nous y restâmes toute la journée du 11 novembre, pour chasser et avoir quelques provisions pour emporter, afin de ne plus nous arrêter en route. Les Indiens arrivèrent de la chasse sur les quatre heures du soir, apportant une grande quantité de gibier, entre autres un *tamanoir* ou grand fourmilier qui était aux prises avec un tigre, qu'ils tuèrent à coups de flèches. Le tamanoir, à l'approche du tigre, ne pouvant fuir, vu sa structure, se couche sur le dos et attend son adversaire, qui se précipite sur lui et le saisit à la gorge ; alors, il ouvre ses bras musculeux, dont les doigts sont armés de longues griffes, et étreint le tigre avec une force herculéenne, en lui enfonçant ses ongles dans le corps : ils succombent tous les deux dans cette position. C'est ainsi que nos Indiens avaient rencontré celui qu'ils nous apportaient. Cet animal a une chair peu recherchée des blancs ; les Indiens en font leurs délices, en y ajoutant beaucoup de piments.

A leur arrivée, ils allumèrent plusieurs feux, et firent boucaner toute la chasse, pour la conserver quelques jours.

Le temps fut magnifique toute la nuit.

Le 12 novembre, nous partîmes à six heures du matin, et, après une navigation pénible pendant une bonne partie de la journée, nous arrivâmes enfin au carbet de notre patron et interprète, le capitaine Alexis. Cet homme estimable nous a rendus témoins d'une scène des plus attendrissantes, qui nous a fait connaître la bonté de son cœur; la voici :

Là mort avait visité sa cahute un an environ avant notre départ de chez lui, et son épouse avait payé son tribut à cette pâle divinité. En apercevant de loin son carbet, ce bon vieillard éprouva une forte sensation : sa figure se décomposa, son corps entier trembla; il poussait de gros soupirs, se lamentait; il avait le cœur tellement oppressé, que ses larmes firent irruption, accompagnées de sanglots déchirants. Ces deux dernières péripéties lui procurèrent un peu de soulagement.

Nous passâmes la journée chez lui. Il nous offrit tout ce qu'il avait, consistant dans les produits de ses abattis, tels que bananes, ignames, patates, pistaches. Nous trouvâmes une si grande quantité de *chiques* dans son carbet, qu'il nous fallut bien vite en sortir, pour ne pas en être dévorés; nous allâmes nous installer sur le bord de la rivière, pour y passer la nuit.

Le 13, nous nous mîmes en route à sept heures du matin; nous navigâmes toute la journée au milieu de rochers très-dangereux. Vers quatre heures, nous prîmes terre au saut *Maripa,* où nous trouvâmes un carbet d'Indiens buvant du cachiri ; les nôtres voulurent absolument que nous y passassions la nuit.

Ces Indiens, pour achever une cérémonie commencée la veille, se livraient au doux plaisir de s'enivrer. Voici la description de cette cérémonie : Quand une jeune fille prend un mari pour la première fois, il est d'usage chez eux, comme chez toutes les autres nations indiennes, de passer cette jeune fille par les verges le lendemain du jour où elle est devenue femme, et, après cette galanterie déchirante, les hommes boivent le cachiri préparé exprès pour ce jour, jusqu'à la dernière goutte. Nos Indiens s'enivrèrent avec les autres, et, pour leur plaire, nous fûmes aussi obligés d'en boire.

Nous ne pûmes dormir de la nuit, à cause du bruit qu'ils faisaient, et qui dura jusqu'à trois heures du matin, moment où finit le cachiri. Ils voulurent aussi visiter tous les objets que nous avions apportés. Après trois heures, nos gens se reposèrent un peu. De grand matin je me levai, pour savoir dans quel état se trouvaient nos Indiens ; je les trouvai encore sous l'empire des fumées de leur boisson de la nuit, et comme nous avions des endroits difficiles à franchir, nous nous déterminâmes à rester encore quelques heures, pour laisser à nos canotiers le temps de bien reprendre leurs esprits. Nous partîmes à midi ; nous traversâmes, sans accident, deux grands sauts, et arrivâmes à celui appelé *Grandes-Roches,* que nous franchîmes sans beaucoup de peine, ayant trouvé là plusieurs Indiens qui nous attendaient et qui nous aidèrent. Ils se réjouirent de notre arrivée, et l'exprimèrent en descendant la rivière avec nous et en pavoisant tous leurs canots.

Nous arrivâmes enfin chez la veuve Popineau, où nous trouvâmes une grande quantité d'Indiens qui déjà connaissaient notre arrivée dans le bas Oyapock.

Nos Indiens furent soldés et récompensés à leur pleine satisfaction. Ils nous quittèrent les *larmes aux yeux*. Nous trouvâmes une goëlette en partance pour Cayenne, nous en profitâmes pour nous y rendre; c'était la goëlette la *Fine,* commandée par le père Lorand.

Le 15 novembre, à huit heures du soir, nous étions rendus. Dès le lendemain matin, M. le baron de Laussat, gouverneur, me fit appeler et me témoigna le désir qu'il avait de connaître la relation de notre voyage; je m'empressai de la lui envoyer, en l'accompagnant de quatre-vingts plans de salsepareille, seuls fruits de notre voyage. Il nous remercia par lettre, en nous disant qu'il en ferait part à S. E. Mgr le Ministre de la marine. Nous adressâmes, malgré cette promesse de M. Laussat, une copie de notre relation de voyage, accompagnée d'une lettre, à M. le Ministre de la marine, le 18 juillet 1820. Sa réponse était ainsi conçue :

MINISTÈRE DE LA MARINE ET DES COLONIES.

Paris, le 17 janvier 1821.

Monsieur,

J'ai reçu la lettre que vous m'avez adressée le 18 juillet dernier, et la relation qui y était jointe du voyage que vous avez fait en octobre 1819, avec M. Charvet, dans la rivière d'Oyapock.

Je vous remercie de cet envoi, j'écris à M. le commandant et administrateur de Cayenne, pour le prier de vous être utile lorsque l'occasion s'en présentera.

Recevez, Monsieur, l'assurance de ma parfaite considération.

Le Ministre Secrétaire d'État au département de la marine et des colonies.

Signé : Baron PORTALIS.

SECOND VOYAGE DÁNS L'OYAPOCK.

— 1822. —

Départ de Cayenne (10 *juin* 1822). — Je restai à Cayenne jusqu'en 1822, époque à laquelle il me prit fantaisie de visiter d'autres peuplades indiennes et des pays qui m'étaient inconnus. Je partis le 10 juin 1822 pour Oyapock, pour de là mettre à exécution mon projet de voyager.

Arrivée à Oyapock. Apprêts du voyage. — J'arrivai à Oyapock après une traversée de huit jours, le 19 juin. Aussitôt je m'empressai d'acheter une embarcation et de me procurer quatre Indiens pour me former un équipage, et j'achetai les vivres nécessaires.

Départ d'Oyapock. — Rivière Couripi. — Je partis de l'habitation où j'étais logé depuis mon arrivée à Oyapock (habitation Mathieu), le 1ᵉʳ juillet, à dix heures du matin ; et, après une navigation de six heures, nous arrivâmes à l'embouchure de la rivière de *Couripi*, appelée aussi et improprement *Ouassa,* à quatre heures de l'aprèsmidi. Comme la marée montait, nous continuâmes notre route, et, au bout de six heures, nous étions à l'endroit où la rivière se partage en deux branches, l'une appelée Couripi, allant dans l'ouest, et l'autre nommée Ouassa, courant au sud. Là nous attendîmes la marée, et, le lendemain, à la marée montante, nous entrâmes dans le Couripi, pour visiter quelques établissements indiens.

Premier établissement indien. — Nous arrivâmes au premier carbet le 3 juillet, à midi ; nous y trouvâmes quatre hommes, trois femmes et cinq enfants. Nous fûmes assez bien reçus ; ils nous firent manger les bons poissons appelés *conani* et *bayara*. On ne cultive, sur cet établissement, que du manioc ; du coton et du rocou que pour leur usage. Leur principale occupation est la pêche, qui se fait l'été. Ils salent le poisson, et le portent à Oyapock, où ils l'échangent pour les objets dont ils ont besoin, tels que haches, sabres, camisas, mouchoirs, sel, couteaux, hameçons, etc., etc. Cette peuplade se nomme Aroua, et est peu nombreuse. Ils me dirent qu'autrefois ils étaient en grand nombre ; mais que les maladies et la mésintelligence qui régnait entre eux et une autre peuplade appelée Palicours, les ont considérablement diminués. Je leur demandai quelques explications sur ce sujet ; ils me répondirent qu'ils avaient la mauvaise habitude de s'empoisonner, soit par jalousie, soit pour tout autre motif quelquefois insignifiant.

Je couchai dans ce carbet, et, avant mon départ, je leur fis quelques petits cadeaux, dont ils parurent satisfaits.

Deuxième établissement indien. — Le 4 juillet, à sept heures du matin, nous nous embarquâmes et continuâmes à remonter la rivière ; après au moins dix heures de navigation, nous rencontrâmes, sur la rive droite, un autre établissement dont la population était de quatre personnes. Je n'y ai rien remarqué qui méritât la peine d'être rapporté. Nous y couchâmes après avoir mangé des mêmes poissons qu'au premier carbet, plus de l'*aïmara* pris au premier saut de cette rivière, qui n'est pas éloigné de leur habitation et que je me décidai à visiter.

Saut de Couripi. — Le 5, nous partîmes à 8 heures du matin, et, après deux heures de route, nous arrivâmes au pied de ce premier saut, qui s'élève d'environ trente pieds au-dessus du niveau de la rivière. Je ne crus pas nécessaire de le franchir et de remonter plus avant dans cette rivière. Nous passâmes là le reste de la journée ; l'après-midi, nous revînmes coucher au même carbet que la veille. Les Indiens nous accueillirent avec plaisir, comptant recevoir des cadeaux pour leur hospitalité; mais comme j'en avais beaucoup à faire, je me restreignis un peu dans mes largesses.

Le 6 nous partîmes de ce carbet, et, après une navigation de 10 heures, nous arrivâmes à l'embouchure de cette rivière : nous y passâmes la nuit couchés dans notre canot, car il est impossible de mettre pied à terre; dans cet endroit de la rivière, ce n'est qu'alluvion et palétuviers.

Rivière de Ouassa. — Prororoque. — Le 7, aussitôt que parut le jour, nous entrâmes dans la rivière de Ouassa : sa direction est à l'est; ses bords sont garnis de grands palétuviers; le courant y est très-rapide tant pour monter que pour descendre, bien entendu avec les marées favorables. Dans l'hiver, le flux est presque nul; mais, l'été, on est souvent surpris par le *prororoque,* qui est assez fort; ce prororoque consiste en deux fortes lames qui se suivent à petite distance au commencement du flux, et qui, indubitablement, chavireraient votre embarcation, si les Indiens ne prenaient pas soin de la placer dans des endroits à eux connus, et qui la mettent à l'abri de ce phénomène. Enfin, après six heures de canotage, nous arrivâmes à l'embouchure de la rivière *Roucaoua,* affluent de Ouassa; là nous attendîmes la marée. Cette rivière est située sur la rive gauche de celle de Ouassa.

Le montant se faisant sentir, nous entrâmes dans cet affluent, à l'effet de visiter les divers établissements d'Indiens qui s'y trouvent. A sept heures du soir, nous remontions toujours la rivière; mais, à cet endroit, la marée ne se faisait plus sentir, et nous étions obligés d'aller contre le courant.

A 4 heures du matin, le 8 juillet, je fis arrêter, pour faire reposer mes canotiers, et, après quatre heures d'un repos nécessaire, nous repartîmes; deux heures après, nous étions dans les vastes savanes noyées qui bordent la rivière des deux côtés et qui s'étendent à perte de vue. Ce coup d'œil est magnifique. Nous rencontrâmes une énorme quantité de caïmans de toutes grandeurs, des canards sauvages, des sarcelles, de grandes aigrettes à panaches, et une foule d'autres oiseaux, habitants de ces contrées inondées.

Après quelques heures de navigation, nous sommes arrivés au premier carbet indien, où nous avons trouvé trois individus de la tribu des Palicours, qui nous reçurent assez bien; ils nous offrirent du poisson et de la tortue qu'ils avaient pris la veille. J'acceptai quelques tortues, en les payant plus du double de leur valeur. Mes Indiens mangèrent avec eux; leur conversation roula sur mon voyage, ce qui décida l'un d'entre eux à s'offrir à moi pour faire l'exploration : j'acceptai avec plaisir, afin d'avoir un guide. Il fit ses préparatifs.

Le 9 juillet, à six heures du matin, nous nous mîmes en route; deux heures après, nous arrivâmes à un autre carbet où il y avait dix Indiens. Là, je vis de grands abattis de vivres cultivés sur un mornet d'une assez vaste étendue et d'une élévation médiocre. Une partie de ces vivres était destinée à être vendue aux habitants d'Oyapock, qui venaient de temps en temps acheter ces denrées et de la salaison qui se fait dans la belle saison. Dans ces immenses savanes noyées se trouvent des lacs où se pêche le *pila-roucou* ou *curi*. Ce poisson (*osteoglosum*) pèse jusqu'à trois cents livres, et remplace la morue qui nous vient des États-Unis.

Nous quittâmes ce carbet, poursuivant toujours notre route en montant la rivière; nous dépassâmes plusieurs autres établissements, et, après six heures de canotage, nous arrivâmes au premier saut de cette rivière, à quatre heures du soir. Ici se terminent les savanes noyées ; la rivière est bordée de grands bois vierges. De ce point, sur mornet très-élevé, on aperçoit un rocher à quelques lieues de là, qui paraît à pic, mais en pain de sucre ; il est appelé par les Indiens *Coropinent*. J'aurais bien désiré y aller ; mais les canotiers me dirent qu'il n'était guère possible de s'y rendre, attendu qu'ils n'en connaissaient pas le chemin. Nous couchâmes dans un petit carbet qui se trouvait là.

Le 10, après avoir bien visité les lieux, nous partîmes à huit heures du matin, pour retourner sur nos pas. Nous nous arrêtâmes dans plusieurs carbets, sans avoir rien remarqué qui méritât la peine d'être rapporté. Nous allâmes coucher au premier carbet que nous avions rencontré en montant ; il y avait beaucoup plus de monde qu'à notre passage : je comptai plus de 15 personnes des deux sexes.

Le 11 juillet, nous partîmes à six heures, et à deux heures nous étions à l'embouchure de cette rivière de *Rocaoua*.

Nous attendîmes la marée ; aussitôt qu'elle arriva, nous entrâmes dans le Ouassa, de nuit. A six heures du matin, je fis arrêter, pour laisser reposer mon équipage. A cet endroit, le flux de la mer ne se fait plus sentir ; il fallait naviguer contre le *doucin*. Nous nous trouvions de nouveau dans de vastes savanes noyées qui bordent la rivière. Des nuées de canards sauvages, de sarcelles, passaient sur nos têtes ; nous en tuâmes plusieurs : la difficulté était de les ramasser ; car, aussitôt tombés, ils étaient dévorés par les *pirails*, petits poissons excessivement dangereux. Si quelqu'un tombait à l'eau dans ces parages, il serait à l'instant déchiqueté, car ils marchent par bandes innombrables. Ce poisson se mange ; il a, à peu près, la forme de la carpe. Nous nous arrêtâmes à six heures du soir, et passâmes la nuit dans notre canot, entourés de caïmans, qui faisaient beaucoup de bruit auprès de notre embarcation, en s'élançant après les poissons, dont ils se nourrissent.

Le 12, nous passâmes devant l'embouchure de la crique *Tipoc,* située sur la rive gauche de Ouassa ; cette crique s'étend à environ une lieue et demie dans l'intérieur, et se perd au pied d'une montagne appelée de ce nom. Trois heures après, nous arrivâmes à un carbet bâti sur le bord de la rivière et sur un mornet ; nous y trouvâmes quatre Indiens et cinq femmes qui y vivent depuis nombre d'années : ils sont de la tribu des Palicours, mais ne fréquentent personne de cette nation. Je voulus savoir d'où venait l'inimitié qui existait entre eux : ils me dirent que le plus âgé de leur tribu avait, autrefois, habité les bords du Rocaoua, en société d'une épouse qui l'avait trahi ; pour s'en venger, il l'avait empoisonnée ; que la famille de cette femme ayant voulu le tuer, il s'était sauvé, et était venu se fixer à l'endroit qu'il habitait actuellement ; et que, depuis, il vit seul avec sa famille, de pêche, de chasse et des denrées qu'il récolte de ses abattis. Quelquefois ses cultures ne lui fournissent pas assez de *couac* (farine de manioc) ; alors il y supplée avec de la chair de poisson boucané réduite en poudre, et qu'il conserve pendant des mois entiers. J'en ai moi-même goûté, et je n'ai pas trouvé désagréable cette nourriture, qui est préparée avec beaucoup de piments. Les Indiens mangent aussi le caïman, dans des cas pressés. Nous passâmes la nuit dans ce carbet.

Établissement de M. Pomme. — Le 13 juillet, après leur avoir fait quelques petits cadeaux, entre autres de deux grandes mesures de sel, qui parurent leur faire grand plaisir, nous partîmes ; après trois heures de navigation, nous arrivâmes aux savanes de terre haute, et, une heure après, à l'ancien établissement de M. Pomme, ex-député de Cayenne, qui possédait, dans cet endroit, une très-belle ménagerie de gros bétail, qui fut détruite par les Portugais à la prise de Cayenne, en 1808. On en voit encore des ruines sur le bord de la rivière, rive droite. Au premier abord, cette savane ne paraît pas d'une grande étendue ; mais, en la parcourant, on s'aperçoit qu'elle se prolonge longuement du nord au sud : je m'y arrêtai une heure, pour considérer les points de vue ; dans la partie que nous avions remontée, s'étendaient, à perte de vue, des savanes noyées, coupées de lacs de distance en distance. C'est dans ces parages que se trouve cette belle aigrette blanche qui fournit de si-jolies plumes, et quantité d'autres oiseaux de toute espèce. D'un autre côté, on voit ces belles savanes de terre haute parsemées çà et là d'îlets boisés, et, dans le lointain, le grand bois, avec des arbres en fleurs de différentes couleurs. Il faudrait une tout autre plume que la mienne pour peindre la magnificence de la nature dans cet endroit. Un de mes Indiens, qui avait été se promener dans la savane, revint avec une biche qu'il avait tuée. Ensuite, nous nous embarquâmes ; et, peu après, nous arrivâmes à un ancien établissement appelé Flamand. Mes Indiens me dirent que c'était aussi un hâtier qui y habitait, et qui possédait un bon nombre de gros bétail ; qu'à sa mort, toute sa ménagerie avait été tuée et mangée, comme celle de M. Pomme, à l'arrivée des Portugais ; que le peu qui avait survécu au pillage, était devenu sauvage, et qu'il n'y avait pas bien longtemps qu'on en avait aperçu des traces. Je mis pied à terre pour visiter cet établissement, qui, au reste, est semblable à celui de M. Pomme, à l'exception des savanes noyées, qui ne s'y aperçoivent pas, à cause des mornets interposés.

Grands bois. — Cris du Tigre. — Je me rembarquai, et nous continuâmes à monter la rivière ; une heure et demie après, nous arrivions à l'endroit où les grands bois bordent la rivière, qui elle-même prend la direction du sud, en se rétrécissant graduellement. A six heures du soir, nous carbétâmes sur la rive droite, dans le grand bois. La nuit fut très-froide, et, pendant sa durée, nous entendîmes le cri d'un tigre, surtout le matin; celui du singe-rouge, qui se fait entendre à plus de deux lieues, vint se joindre à celui du jaguar, pour former un concert infernal. Le singe-rouge est peu dangereux; mais ses hurlements sont tellement forts et bien nourris, que le voyageur le plus intrépide qui ne saurait pas ce que c'est, en serait effrayé.

Le 14 juillet, aussitôt qu'il fit jour, nous continuâmes notre route. Nous rencontrâmes des arbres tombés dans la rivière, qui retardèrent notre marche considérablement. Nous passâmes la nuit à un petit saut. Cette nuit eut les mêmes accidents que celle d'avant.

Passage d'un petit saut. — Le 15, aussitôt que parut le jour, je m'occupai de voir si nous pouvions passer le saut et continuer à remonter la rivière; la chose était possible : je fis d'abord porter le bagage de l'autre bord, puis l'embarcation.

Nous navigâmes pendant une partie de la journée, rencontrant des endroits si étroits, qu'il n'y avait passage que tout juste pour notre canot, et presque pas d'eau.

Bois de construction. — A quatre heures, nous nous arrêtâmes ; je visitai un peu les alentours, et je vis de fort beaux bois, tels qu'*acajou*, *cèdre*, *grignon*, *ouacapou*, *balata*, *ouapa*, et beaucoup d'autres essences ; un grand nombre d'arbres dont on pourrait tirer de l'huile, tels que le *carapa* et le *guiaguiamadou;* d'autres qui fournissent des résines, comme le *mani* et l'*encens* blanc et gris; des plantes que les Indiens emploient comme purgatifs et vermifuges ; une immense quantité de palmistes dont les graines servent de nourriture, le *pinot,* le *coumon,* le *maripa,* etc., etc.

Le 16, au matin, je fis embarquer mon monde, et nous continuâmes notre route, à travers mille difficultés ; aussi nous n'avancions guère : j'étais encore obligé de m'arrêter assez souvent, pour faire reposer mes canotiers. Vers midi, nous arrivâmes à un petit saut qui fut difficile à gravir ; le saut traversé, nous déjeunâmes ; les Indiens tuèrent quelques *aïmaras* et *rouïs*. Ce dernier poisson est assez curieux par sa forme, et surtout par sa peau tigrée. Sa chair, de couleur jaune, est fort délicate. Nous restâmes deux heures dans cet endroit. En continuant notre course, nous tuâmes des *agamis* et des *hoccos* sur les bords boisés de la rivière, et prîmes beaucoup de lézards, dont les Indiens font leur régal. Sur les cinq heures du soir, nous étions dans un endroit impossible à franchir avec un canot ; et, du reste, la rivière n'était plus qu'une très-petite crique presque sans eau. J'ai jugé que nous étions à environ 50 lieues de l'embouchure de Ouassa.

Le 17, j'envoyai mes Indiens à la chasse ; et moi, je visitai les environs de notre campement : je retrouvai exactement les mêmes arbres qu'à l'endroit où nous avions passé la nuit précédente. En rentrant, je me mis dans mon hamac, et je me laissai aller à la méditation, qui n'était troublée, dans ce désert, que par le murmure d'un petit ruisseau qui serpentait non loin de là, et par les cris de quelques tigres et de quelques singes-hurleurs qui se faisaient entendre dans la profondeur du désert. Je réfléchissais à l'Indien vivant dans cet isolement silencieux ; je le trouvais plus heureux que l'homme des villes et de la civilisation, car il n'a point de soucis : tous les besoins qui entourent l'homme civilisé, ne sont pas connus de lui ; il ne pense qu'au présent, et jamais à l'avenir ; il mange beaucoup quand il a, et presque point quand il est dans la nécessité de se priver ; il se marie et divorce à volonté.

Principal besoin d'un Indien dans cette partie de la Guyane. — Son véritable besoin consiste dans la possession d'un canot, une natte ou un hamac, et une chaudière; avec son arc et ses flèches, il pourvoit largement à ses autres besoins.

Leurs embarcations sont faites avec des arbres creusés par le feu et débourrés à la hache. Un canot se fait en huit jours lorsqu'ils en ont un pressant besoin. Une natte se fait avec des joncs qui croissent dans les savanes noyées. La chaudière est un canari fait avec de la terre séchée au soleil et cuite au feu.

Chasse conservée pour plusieurs jours. — A midi, mes Indiens arrivèrent de la chasse avec une grande quantité de gibier : *perdrix*, *hoccos*, *agamis*, *agoutis* et *pacs*. Ils se mirent de suite à la préparer, pour la boucaner pendant le reste de la journée et toute la nuit, afin de la conserver quelques jours; aussi, pendant toute cette nuit, eûmes-nous un grand feu bien nourri. Ils passèrent tout le temps à se raconter les incidents de la chasse : l'un prétendait qu'il avait aperçu deux tigres et qu'il n'avait osé faire feu, de peur de les manquer; un autre disait qu'il s'était rencontré avec des cerfs, mais qu'il n'avait pu les approcher à portée de son fusil.

Cette conversation épuisée, l'un d'eux dit en créole : *Mais, blangue-là*, en parlant de moi, *côté li oulé minnin-nous? Nous loin caba. Pou qui fait li ça vini si loin la grand bois?* — Un autre répondit : *To pas vois qui blangue-là gaguin courage; li oulé voit toutes dans bois. Li bien savé ça li qua fait.* Ici, je m'endormis profondément.

La journée du 18 se passa en préparatifs.

Retour. — Le 19, au matin, je dis à mes Indiens : Nous ne pouvons aller plus avant dans cette rivière; par conséquent, nous allons retourner chez nous. Ils me répondirent que non-seulement nous ne pouvions aller plus loin, mais que jamais embarcation n'était venue au point où nous nous trouvions. Ils furent enchantés de retourner; en un clin d'œil tout le bagage fut embarqué, et eux à leurs postes de pagaïeurs. A neuf heures, nous quittâmes notre camp, et, vers cinq heures, nous étions au point où nous avions couché le 15. Nous y passâmes la nuit, qui fut belle mais très-froide.

Le 20, nous partîmes de ce lieu à 7 heures du matin, et allâmes passer la nuit à notre campement du 13, c'est-à-dire à l'établisement de M. Pomme.

Le 21, aussitôt que parut l'aurore, je me levai et m'approchai du feu, tant le froid était vif. Quand il fit bien jour, désirant revoir les lieux déjà parcourus par moi, je dis aux Indiens que nous ferions bien de tâcher d'avoir une biche pour alimenter nos provisions de route ; car nous ne trouverions rien dans les savanes noyées que nous allions parcourir. Ils adhérèrent unanimement à ma proposition, et partirent.

Examen d'un mornet. — Pendant qu'ils étaient dehors, je fis quelques promenades aux environs : j'explorai les savanes sèches ; j'y découvris de grands sentiers entretenus par le passage des animaux sauvages ; je parcourus l'étendue d'un mornet où était situé l'établissement de M. Pomme. La terre de ce mornet me sembla bonne, et je remarquai qu'il n'y avait pas de fourmis. Cette terre est noirâtre, et paraît être mêlée de terreau à sa superficie.

Herbes des pâturages. — Je remarquai aussi que les herbes qui croissent dans les pâturages, sont du *chiendent* et une autre espèce d'herbe que le bétail recherche. Au reste, je le savais déjà par un viel Indien qui travaillait avec M. Pomme, et qui a ajouté à son récit que le bétail de Pomme et celui de Flamand étaient d'une grande beauté et d'une rare fécondité. Cela ne pouvait être autrement, ayant une excellente nourriture toute l'année et de l'eau courante pendant toutes les saisons. Dans le cœur de l'été, alors que les savanes de terre haute sont desséchées par l'ardeur dévorante du soleil, le bétail se rendait dans celles en terre basse, où il trouvait d'abondants et frais pâturages.

A deux heures, mes Indiens revinrent de la chasse avec deux biches et un *maïpouri ;* ce qui nous obligea de rester plus de temps que je ne le voulais, pour dépecer et boucaner la viande.

Je ne cessai, pendant toute la journée, de contempler ces belles savanes et cette petite rivière où il coule une eau si limpide ; un sable blanc rend cette eau tellement transparente, que l'on y aperçoit les poissons nager. La nuit fut très-froide.

Le 22 juillet, la chasse étant boucanée et embarquée, nous levâmes le camp, que je regrettais de n'avoir pas habité plus longtemps. Nous descendions rapidement la rivière, et bientôt nous arrivâmes aux savanes noyées, couvertes d'une innombrable quantité d'oiseaux aquatiques. Mes Indiens fléchaient, chemin faisant, des poissons appelés *couanis*, *baïaras*, *pirails*, etc.

Crique Tipoc. — Vers six heures du soir, nous arrivâmes à l'embouchure de la crique *Tipoc*, que nous avions passée le 12. Nous nous y arrêtâmes pour passer la nuit ; mais dans notre embarcation, parce que toutes les terres environnantes sont noyées. Cette nuit fut belle et moins froide que celles passées dans l'intérieur des grands bois. Nous fûmes un peu tourmentés par les *maks,* espèce pire que les *maringoins*, qui ne cessèrent leur importunité qu'à la pointe du jour.

Zone de palétuviers. — Le 23 juillet, nous étions en route à 6 heures du matin ; mais nous allions doucement, à cause de la fatigue qui accablait tout le monde. Après quatre heures de navigation, nous laissâmes derrière nous les savanes noyées et commençâmes la zone des palétuviers ; à 5 heures du soir, nous étions à l'embouchure de la rivière de *Rocaoua,* où nous nous arrêtâmes pour attendre le jusant. A minuit, nous continuâmes à descendre, et, à 5 heures du matin, nous aperçûmes l'embouchure du *Couripi;* là, nous fûmes encore obligés d'attendre la marée.

Le 24, à midi, nous reprîmes notre route, et, après six heures de navigation, nous étions à l'embouchure de *Ouassa* (Couripi); nous entrâmes de nuit dans l'Oyapock, et le remontâmes pendant six heures avec le *montant*, jusqu'à l'habitation la Gaieté, située sur la rive gauche, appartenant à Mme veuve Mur. Je restai quinze jours sur cette habitation. Quand mes Indiens furent bien remis des fatigues du voyage, je fis mes préparatifs pour aller visiter la rivière Krécourt (Quéricourt), où se trouvent aussi des Indiens, qui sont établis à quelques heures au-dessus du premier saut d'Oyapock.

Départ. — Le 22 août, à midi, je partis de l'habitation la Gaieté, avec cinq Indiens de la tribu des Arouas et des Palicours. Six heures après, nous étions au premier saut, appelé *Grandes-Roches :* là nous passâmes la nuit, nuit belle et imposante ; mais, vers le matin, elle fut entachée de beaucoup de brouillard.

Le 23, aussitôt qu'il fit jour, nous traversâmes ce premier saut, non sans difficultés, vu notre faible équipage et le travail lourd de transporter le canot par-dessus ce saut, dont la grande roche s'élève au moins à 30 pieds. Enfin, après deux heures de fatigues, nous nous rembarquâmes, et une heure après nous arrivions au saut *Maripa*, que nous passâmes assez lestement ; là nous trouvâmes quelques Indiens du haut Oyapock qui nous aidèrent à franchir le saut *Anaoura*, saut dangereux à passer avec peu de monde. Cette opération achevée, je fis quelques cadeaux aux Indiens qui nous avaient donné un coup de main. A 4 heures, nous arrivâmes à un petit établissement d'Indiens, au nombre de huitt, qui nous reçurent avec cordialité. Il s'en trouva parmi eux qui avaient fait avec moi le voyage d'octobre 1819. Je les revis avec grand plaisir, et ce plaisir fut partagé par eux.

Tabac indien appelé Courmari. — Je leur fis divers cadeaux qui les satisfirent, entre autres un sabre, une hache et du tabac, qu'ils ne connaissaient que depuis qu'ils avaient voyagé avec moi ; avant, ils ne fumaient que du *courmari,* comme tous les autres Indiens. Ce courmari est une écorce avec laquelle ils font des cigares qu'ils fument couchés dans leur hamac. Ces cigares n'ont aucun goût et ne peuvent faire aucun mal, même quand on en abuse. Ces Indiens me donnèrent du poisson appelé *pacou.* La nuit se passa en conversation : ils me dirent qu'une grande partie des Indiens qui m'avaient accompagnés lors de mon premier voyage, étaient morts ; que le capitaine Alexis vivait encore, et qu'il habitait toujours l'embouchure de la rivière d'Armontabo. Je leur remis deux pantalons et deux chemises, pour lui donner de ma part.

Le 24 août, à six heures, nous nous embarquâmes, après avoir pris congé de nos hôtes. Nous continuâmes notre voyage, et, à midi, nous arrivâmes à l'embouchure de la rivière Krécourt (Quéricourt), sur la rive droite de l'Oyapock ; nous y entrâmes, et, quatre heures après, nous fîmes halte pour passer la nuit ; nos hamacs furent tendus entre les arbres, les Indiens allumèrent un grand feu, et nous dormîmes.

Le 25, mes Indiens tuèrent des hoccos, puis nous nous remîmes en route. Nous arrivâmes, trois heures après, au premier saut de cette rivière, qu'il paraît impossible de franchir. Les Indiens ne s'en émurent pas ; seulement, ils me déposèrent à terre, de peur d'accident, et se mirent aussitôt en devoir de le monter : ils descendirent dans les eaux fougueuses et écumantes de la cataracte, qui menaçaient de les entraîner dans leur course impétueuse, et, après une heure de peine, le canot avait traversé cette dangereuse cascade. Je me rembarquai ; peu après, nous arrivâmes à un second saut un peu moins dangereux à passer que le premier, attendu qu'il n'est pas aussi à pic, mais en revanche il est plus long : il nous a fallu deux bonnes heures à traîner le canot sur des rochers, avant d'en être quittes. Nous continuâmes à monter encore quelques heures, et arrivâmes à un carbet sur la rive gauche; là nous prîmes terre. Il y avait dans ce carbet un Indien, sa femme et un enfant : nous y passâmes la nuit très-mal. Ce carbet est d'une construction si mauvaise, qu'il ressemble à un ajoupa fait à la hâte, pour s'y abriter une seule nuit. Je découvris, aux alentours de cet établissement, quelques bananiers, quelques cotonniers et *zoucouïers*. Ne voyant point d'abattis de vivres, je lui en demandai la cause ; il me répondit que sa plantation, petite il est vrai, était plus éloignée dans le bois. Je vis sur des boucans un *maïpouri*, animal pesant quelquefois 500 livres, qu'il faisait boucaner, afin d'en conserver pendant quelques jours la viande, dont ils sont très-friands. Il me dit aussi que pendant tout le temps que dureraient ses provisions de bouche, il resterait couché dans son hamac, fumant du courmari et buvant du cachiri que lui faisait sa femme ; — qu'il ne songe à la chasse que quand il ne reste plus rien ; qu'alors, suivi de sa femme, il pourvoit de nouveau à l'approvisionnement du carbet : c'est la femme qui porte les gibiers tués ; — qu'il ne rentre qu'après avoir fait chasse, aussi passe-t-il souvent des nuits dans le bois ; qu'à défaut de chasse, il ramasse des graines sauvages qui lui servent de nourriture.

Le 26 août, avant de partir, je lui demandai s'il y avait dans cette rivière d'autres Indiens et s'ils étaient encore haut ? Il me répondit qu'il y avait un établissement très-près de lui, et que l'habitant était son beau-frère. Il s'embarqua dans son canot et nous suivit jusqu'à cet établissement, où nous arrivâmes une heure après notre départ. Là, la rivière est belle ; sa direction est S.-O. Nous trouvâmes quatre individus, dont trois hommes et une femme ; ils nous reçurent très-bien ; ils nous offrirent du pacou et du cachou marron qu'ils venaient de tuer. Je leur fis aussi quelques cadeaux. Nous déjeunâmes chez eux, et, après ce repas, nous repartîmes. Deux heures après avoir quitté ce second établissement, nous arrivâmes à un saut peu difficile à gravir. Cette chance ne continua pas ; car, une heure après, nous étions au pied d'un autre qui nous retint tout le reste de la journée : pendant que mes Indiens faisaient passer le canot, je me promenai dans les alentours.

Découverte du Copahu. — Je rencontrai un arbre dont l'odeur des feuilles et principalement de l'écorce, à laquelle j'avais fait quelques incisions, ne m'était pas inconnue : je pris une feuille et un peu d'écorce que je montrai aux Indiens, en leur demandant le nom de cet arbre ; ils ne purent me l'indiquer, mais ils m'assurèrent que la gomme que produit cet arbre était employée avec succès dans les blessures. Je me rappelai de suite l'odeur du baume de copahu, et c'était véritablement cela. Nous trouvâmes une grande quantité de ces arbres le long de la rivière ; on les reconnaît à l'odeur qu'ils exhalent. Je demandai la manière employée pour retirer ce baume, et j'appris que des incisions étaient faites à l'arbre au déclin de la lune, et que l'huile découlait de ces incisions. Comme je l'ai déjà dit, ils l'emploient dans les blessures, dans les piqûres ; ils en frottent aussi les nouveaux-nés, pour les préserver des convulsions et des vers.

La nuit fut tellement froide, que je fus obligé de me chauffer. Tout espèce de cris se faisaient entendre, tant de quadrupèdes que d'oiseaux ; ceux qui dominaient tous les autres, étaient le cri du singe-hurleur et le cri du tigre.

Le 27 août, nous quittâmes ce lieu, à 7 heures du matin. La rivière devenait de plus en plus étroite et difficile à remonter, à cause des arbres tombés ; à neuf heures, nous passâmes un petit saut, et, à dix, nous étions à un grand établissement : nous y trouvâmes douze individus, 8 femmes et 4 hommes ; ils parurent surpris de notre arrivée chez eux, et, tout tremblants, ils s'avancèrent à notre rencontre, en demandant aux Indiens venus avec moi le sujet de ma visite. Ils surent d'eux que j'étais voyageur, et que je ne ferais que passer parmi eux pour continuer à remonter la rivière. Ils furent complétement rassurés, et nous offrirent du poisson et du gibier. Je leurs fis des cadeaux qu'ils reçurent avec joie ; de ce moment ils me comptèrent au nombre de leurs amis.

Cet établissement se compose de quatre carbets assez bien construits : les poteaux ont 20 pieds d'élévation, et, à 12 pieds, une espèce de plancher en lattes de palmiste fendues y est pratiqué. Ils ont pour escalier un bois rond entaillé de distance en distance, et, le soir, avant de se coucher, ils tirent l'échelle à eux. J'ai vu, autour de cette habitation, des abattis de vivres, des bananiers, des cotonniers, et des zoucouïers ; j'ai vu aussi des poules, des chiens, etc., qui tous logent ensemble. Ils élèvent des perroquets, des agamis, des hoccos, des aras ; enfin, toutes sortes d'animaux qu'ils apprivoisent parfaitement, et qu'ils vendent aux habitants d'Oyapock. Je vis encore beaucoup de copahu, d'acajou, de grignon, de cèdre, etc.

Le 28, avant de partir, je leur demandai s'il y avait d'autres établissements plus haut : ils me répondirent qu'ils croyaient qu'il en existait, mais loin ; qu'ils ne les avaient jamais aperçus, qu'ils avaient cru voir des traces il y avait longtemps ; que, du reste, la rivière était innavigable. Je partis malgré cela ; ils m'accompagnèrent dans un petit canot : peu de moments après, je reconnus qu'effectivement il devenait impossible d'aller plus loin ; nous mîmes à terre et établîmes là notre camp. Mes Indiens et ceux qui nous avaient suivis firent pêche et chasse, qui furent heureuses et qui furent boucanées et rôties. J'étais contrarié de ne pouvoir aller plus avant dans cette rivière ; je me repentais presque d'avoir fait ce voyage. Il fallait pourtant se résoudre, les difficultés que présentait la route étant insurmontables.

Le 29 août, à la pointe du jour, je fus, comme toujours, obligé de me chauffer, tant il faisait froid. La rosée avait été tellement abondante, que j'étais tenté de croire qu'il était tombé un fort grain de pluie.

Incursion dans le bois. — Vers les dix heures, armé de mon fusil, d'une paire de pistolets de poche et d'un couteau de chasse, et accompagné de deux de mes Indiens, je m'enfonçai dans la forêt, avec l'espoir de trouver un moyen de monter plus avant ; nous marchâmes pendant deux grandes heures, et je reconnus, à mon grand regret, que mon espoir était vain. Nous cherchâmes la salsepareille, mais nous n'en trouvâmes point.

Découverte du Gayac et de la Vanille. — Nous marchions toujours à travers ces grands bois, et nous trouvâmes beaucoup de noix de gayac sous les arbres de ce nom ; j'en fis ramasser quelques-unes, ainsi que des gousses de vanille, qui est assez commune dans ces forêts. Nous recueillîmes une énorme quantité d'œufs de perdrix ; les Indiens tuèrent deux *patiras*, espèce de sangliers, qu'ils portèrent sur leurs épaules.

Il était déjà quatre heures : nous voulûmes alors rejoindre notre endroit de halte ; mais nous nous étions enfoncés si avant dans le bois sans nous en douter, que nous ne pûmes arriver à notre point de départ, et, comme il faisait nuit, il fallut se résoudre à coucher où nous étions. Cet épisode ne m'amusait guère, mais il n'y avait aucun moyen de l'éviter. Nous recueillîmes une bonne quantité de bois à brûler, et les Indiens allumèrent un grand feu, qui fut entretenu toute la nuit. Des cris d'animaux sauvages mêlés aux chants de quelques oiseaux de nuit et aux voix de basse-taille des crapeaux des grands bois, se faisaient entendre à une très-grande distance. Ce concert rendait ces lieux tristes et lugubres. La nuit me parut d'une longueur sans fin. Sur les trois heures du matin, nous entendîmes les cris et les chants de différentes espèces d'animaux, tels que perdrix et autres oiseaux, qui nous annonçaient le retour du jour, ce qui nous fit bien plaisir.

30 *Août*. — A 5 heures, le crépuscule commença, et, peu à peu, le grand jour parut. Les Indiens firent rôtir des perdrix qu'ils dévorèrent ; moi, je ne mangeai que quelques œufs durs.

Aussitôt le repas achevé, nous nous mîmes en route ; mais, aussi malencontreux que la veille, nous ne pûmes sortir de la montagne sur laquelle nous avions couché. Nous marchions pendant une heure, et nous arrivions toujours au point de départ du matin : enfin, après avoir fait ce manége deux ou trois fois, je dis aux Indiens, qui ne s'y reconnaissaient plus, que j'avais un moyen d'aller à la rivière : c'était de suivre le cours de l'eau du premier ruisseau que nous rencontrerions ; que ce ruisseau nous conduirait à une crique, et, indubitablement, la crique à la rivière. Ce projet fut approuvé des Indiens, et le premier ruisseau que nous rencontrâmes fut celui qui coule au pied de notre montagne *Dédale :* il nous conduisit à un grand marécage, que nous traversâmes ; puis, au bas d'une colline, nous nous aperçumes que le ruisseau s'élargissait de plus en plus. Après l'avoir suivi deux heures, nous arrivâmes, comme je l'avais prévu, à une crique, qui, peu après, nous mena sur le bord de la rivière. Un de mes Indiens monta sur un arbre, reconnut l'endroit, et déclara que nous étions beaucoup plus bas que notre camp. Il fallut donc remonter sur le bord de cette rivière. Après avoir pris quelque nourriture, nous nous mîmes en route, et, à 5 heures $^1/_2$ du soir, nous arivâmes à notre halte, bien fatigués de cette excursion. Je me couchai tout de suite, et dormis d'un profond sommeil jusqu'au jour.

Le 31, malgré mon repos de toute la nuit, je me levai brisé de fatigue ; sans doute que mes Indiens l'étaient de même : aussi, me décidai-je à passer encore la journée dans cet endroit. Dans la matinée j'eus un peu de fièvre, qui se dissipa vers l'après-midi. J'avais vu, au milieu des bois que je venais de parcourir, de beaux arbres dont je ne connaissais pas les noms, une quantité de lianes si curieuses par leurs formes singulières, qu'en France on en ferait des cannes. Je vis aussi une grande quantité de *bambous*, *rotins* du pays, que les Indiens appellent *ouaïls*. Mes Indiens se reposèrent toute cette journée, mangèrent une forte partie de la chasse de la veille, accompagnée de poissons que ceux qui étaient restés avaient fléchés pendant notre absence. Nous fîmes nos préparatifs de départ pour le lendemain. La nuit se passa en conversations : les Indiens qui étaient venus dans la forêt avec moi, racontaient aux autres tous les épisodes de notre malencontreux voyage, sans oublier le moindre cri d'un quadrupède, ni le moindre chant d'un oiseau, ni les détours que nous avions faits avant de reconnaître notre route ; enfin, rien ne fut oublié.

Le 1er septembre, nous levâmes le camp à six heures du matin, et descendîmes la rivière jusqu'au dernier établissement en montant : là, nous couchâmes ; et les Indiens de cette habitation qui m'avaient suivi, furent satisfaits des petits cadeaux que je leur fis, et auxquels ils ne s'attendaient pas. Je dormis parfaitement dans ce carbet, et je sentis moins le froid que les nuits précédentes.

Le 2 septembre, aussitôt qu'il fit jour, nous nous mîmes en route, et nous ne nous arrêtâmes à aucun autre carbet d'Indiens. Arrivés à un des sauts, nous eûmes beaucoup de difficultés à le descendre, sans cependant éprouver d'accidents. Après l'avoir franchi, nous nous installâmes pour passer la nuit, qui fut très-belle, malgré le brouillard.

Le 3, nous quittâmes notre gîte; et, après avoir traversé tous les autres sauts sans accidents, nous arrivâmes, à 4 heures, à l'embouchure de cette rivière, sans éprouver aucun embarras. Mes Indiens pensant qu'il était prudent d'y rester la nuit, nous tendîmes nos hamacs sur les arbres de la forêt, et dormîmes jusqu'au matin.

Danse indienne. — Le 4, nous partîmes à 6 heures; et, après deux heures de navigation, nous arrivâmes à un établissement situé sur la rive gauche de la rivière d'Oyapock; en descendant, nous entendîmes le bruit d'un tambourin et des chants indiens, ce qui nous fit présumer qu'il y avait bal. Nous trouvâmes au *dégrad* plusieurs canots qui, la veille, avaient conduit les invités, qui se rendaient aussi à Oyapock, avec des *perroquets*, des *aras*, des *agamis*, des *hoccos*, et beaucoup d'autres oiseaux et animaux quadrupèdes qu'ils avaient apprivoisés, pour échanger contre des objets qu'ils n'avaient pas.

Échange. — J'achetai des oiseaux, un singe et des hamacs, et leur donnai en paiement d'autres marchandises à leur choix.

Je fus obligé d'y rester jusqu'au lendemain, pour ne pas mécontenter mes Indiens, qui désiraient se régaler de cachiri; ce qu'ils firent si largement, qu'ils s'enivrèrent et cherchèrent querelle aux autres Indiens : la scène allait se tourner en rixe, lorsque je m'interposai et fis cesser, non sans peine, leurs disputes bachiques. Je dormis peu, car je craignais le renouvellement de leur querelle. Vers 2 heures du matin, ils allèrent tous se jeter à la rivière; c'est toujours de cette manière que finissent leurs fêtes. Ils vinrent ensuite se coucher.

Le lendemain, 5, je voulus faire quelques questions aux

Indiens de l'intérieur, qui me connaissaient tous ; mais la fumée du cachiri n'était point assez dissipée, il fallut y renoncer. Je fus obligé de contraindre presque mes Indiens à partir : nous fîmes peu de chemin ; car, l'après-midi, nous n'étions qu'au saut *Grandes-Roches,* où nous couchâmes. Les Indiens fléchèrent une douzaine de *pacous*, qu'ils mangèrent. Après ce repas, je croyais qu'ils allaient faire comme moi, se coucher : point du tout, ils retournèrent, par terre, au carbet que nous avions quitté, ne me laissant qu'un petit Indien. Je passai la nuit avec cet enfant, sur les rochers du saut ; aussi, je ne fis que me promener une grande partie de cette nuit : pourtant, vers minuit, fatigué de ma promenade de rocher en rocher, je me couchai, et le doux murmure des eaux m'endormit profondément. Mes Indiens arrivèrent à 5 heures du matin, accompagnés d'autres qui les avaient ramenés en canot : ils ne surent que me dire pour s'excuser ; de mon côté, je ne leur fis aucune observation. Ils firent passer le saut à l'embarcation, passèrent aussi leur canot, et nous arrivâmes, voyageant de conserve, chez la dame Popincau, où nous nous séparâmes.

Arrivée. — Je continuai ma route jusqu'à l'habitation la Gaieté, mon quartier général, où j'arrivai vers les quatre heures de l'après-midi.

Le 6 septembre, aussitôt que mes Indiens se présentèrent à moi, je les payai, et leur donnai beaucoup de petits objets qui me restaient de mon voyage ; je leur donnai même mon canot et toutes les munitions qui me restaient.

Je repartis pour Cayenne peu de jours après, et j'y arrivai le 16 septembre 1822.

Je séjournai plusieurs années en ville, sans faire de nouveaux voyages. Je me mis commerçant, puis habitant. Après avoir formé une habitation, je la vendis et me remis dans le commerce ; mais les chances ne me furent pas favorables.

J'avais gardé un doux souvenir de mes voyages, et je désirais ardemment me fixer à Oyapock. Dans ce temps, le Conseil colonial demanda une somme de 100,000 fr. pour les nouveaux *hâtiers* qui voudraient s'occuper de l'élève du bétail. Je me mis sur les rangs pour obtenir une avance, et jetai mon dévolu sur les savanes du *Ouassa*, où existaient autrefois, comme je l'ai déjà dit, deux belles ménageries, celle de M. Pomme et celle de M. Flamand.

Mémoire adressé à M. Favard, pour être remis au Ministre de la marine. — Je fis un mémoire que j'adressai à M. Favard, délégué de la Guyane française à Paris, à la date du 7 septembre 1835, le priant de le présenter à son Excellence le Ministre de la marine et des colonies. Dans ce mémoire, je donnais tous les détails qui m'étaient connus sur les localités déjà visitées par moi en 1822, et je démontrais tous les avantages à en tirer pour la colonie dans la formation d'un établissement semblable à ceux dont j'ai déjà parlé, dans ces belles savanes du Ouassa ; j'ajoutais qu'à cet effet je me chargeais de faire une partie des avances, et que le surplus me serait prêté par l'Administration, remboursable cinq années après, en bétail de boucherie.

Cinq mois plus tard, je reçus, de M. Favard, la lettre suivante :

Réponse de M. Favard.

Paris, le 18 février 1836.

Monsieur,

J'ai l'honneur de vous accuser réception de la lettre que vous m'avez adressée sous la date du 7 septembre dernier, en m'adressant un mémoire pour son Excellence le Ministre de la marine et des colonies, relatif au vote du Conseil colonial de la Guyane, sur les encouragements à accorder aux personnes qui voudraient s'occuper de la création de nouvelles ménageries.

Cette pièce a été mise sous les yeux du Ministre, qui m'a fait répondre qu'il aurait égard à votre demande lorsqu'il aurait été pris une décision sur le vote du Conseil colonial.

J'ai l'honneur d'être, etc.

Le délégué de la Guyane française,

Signé : M. FAVARD.

ÉTABLISSEMENT DANS L'OYAPOCK.

— 1836. —

A la réception de cette lettre, tous mes préparatifs de départ pour Oyapock étaient déjà faits, et je partis de Cayenne le 18 mars 1836, accompagné de trois naturalistes (*empailleurs*), d'un nègre, et muni de toutes les provisions utiles et des médicaments nécessaires pour deux années.

Arrivée. — J'arrivai à Oyapock le 26 mars, et je louai une ancienne habitation où existait encore un carbet pour me loger, avec mon monde et tout mon bagage. Au bout de quelques jours, les maladies nous accablèrent, et deux de mes naturalistes moururent; l'autre arriva aux portes du tombeau ; moi aussi, je fis une maladie dangereuse : grâce aux soins de mon fidèle nègre, le naturaliste et moi nous revîmes la lumière du jour. Quand la santé nous fut revenue, nous nous occupions à collecter et à faire un petit commerce d'échange avec les Indiens du quartier.

Je reçus, le 24 avril 1836, la réponse du Ministre de la marine et des colonies, à mon mémoire ; elle était ainsi conçue :

Lettre du Ministre de la marine.

Paris, le 19 février 1836.

MONSIEUR,

Vous m'avez entretenu, dans un mémoire du 7 septembre dernier, de l'avantage qu'il vous paraîtrait y avoir, dans l'intérêt de la Guyane française, à former des ménageries dans les savanes du Ouassa, et vous avez demandé qu'il vous soit accordé une avance pour vous aider à créer un établissement de cette nature.

Vous n'ignorez pas que le Conseil colonial et l'Administration locale se sont déjà occupés des moyens d'accorder à la formation de semblables entreprises des encouragements efficaces.

J'ai récemment appelé sur cet objet l'attention du nouveau gouverneur, à qui j'ai d'ailleurs fait part de votre demande spéciale. Je ne puis que vous engager à lui faire directement, à ce sujet, les demandes que vous jugerez convenables.

Recevez, Monsieur, l'assurance, etc.

L'amiral, pair de France,
Ministre de la marine et des colonies,

Signé : DUPERREY.

Cette lettre me fut remise par M. Laurens de Choisy, nouveau gouverneur de la Guyane, qui m'assura qu'il ferait tout ce qu'il dépendrait de lui pour accorder ma demande, et que, d'ailleurs, M. le Ministre l'en avait longuement entretenu.

J'étais toujours occupé à collecter. Cependant, j'étais si mal logé, que je me décidai à me procurer une habitation plus convenable; pour cela, j'acquis celle appartenant à Mme veuve Janneau, sur la rive droite de l'Oyapock : j'y trouvai toutes sortes d'arbres fruitiers, quelques caféïers et cacaoyers que je cultivai; enfin, quelques mois plus tard, ne voyant rien venir de ce que j'avais demandé, je me procurai quelques têtes de gros bétail, qui réussirent admirablement. Je continuai mes collections d'oiseaux et mes voyages dans l'intérieur de l'Oyapock et du Ouassa, en donnant suite à mon commerce d'échange avec les Indiens. Ces échanges consistaient, de mon côté, à leur porter des haches, des sabres d'abattis, des couteaux, des peignes, des miroirs, des mouchoirs, des chemises, des pantalons, des chapeaux, des colliers, des bagues, des camisas, des hameçons, etc. ; je rapportais de chez eux : des flèches, des oiseaux, des quadrupèdes apprivoisés, et surtout une grande quantité de *couac* (farine de manioc), qui, déjà plusieurs fois, a sauvé la ville de Cayenne de grandes disettes, et lui est toujours d'une grande ressource : car, si l'on faisait le relevé de ce qu'Oyapock a envoyé à Cayenne en couac, on verrait que ce quartier en a plus fourni à lui seul que tous les quartiers ensemble; et tout ce couac vient de chez les Indiens, ainsi qu'une grande quantité de volailles qu'ils élèvent depuis qu'ils en trouvent le placement. Ces Indiens se sont créés des besoins qu'ils n'avaient pas autrefois, ce qui les oblige à travailler un peu.

En juillet 1836, me trouvant à Cayenne pour mes affaires, je fus appelé par M. le Gouverneur, qui me témoigna le désir qu'il aurait de me voir accompagner M. Despagne, chef de bataillon, et M. Ainauld, officier de marine, son aide de camp, dans un voyage qu'il se proposait de faire faire à ces Messieurs, dans l'intérieur de l'Oyapock, chez les Indiens Oyampis, que je connaissais déjà depuis plusieurs années. J'acceptai, et l'assurai que je ferais mon possible pour être agréable à ces Messieurs.

—◦—

NOUVEAU VOYAGE DANS L'OYAPOCK.
— 1836. —

Départ de Cayenne. — Nous partîmes de Cayenne le 26 juillet 1836, et, cinq jours après, nous arrivâmes à Oyapock. Je fis grande diligence pour me procurer huit Indiens, afin de former deux équipages : je pris chez moi deux embarcations que je fis préparer le plus convenablement possible pour une si longue route. Je m'aperçus que les équipages étaient trop faibles ; j'y ajoutai deux de mes nègres, appelés Modeste et Voltaire, que j'avais achetés tout récemment.

Départ d'Oyapock. — Nous partîmes de chez moi le 8 août ; à dix heures du matin, nous arrivâmes au premier saut, dit saut *Grandes-Roches* ou *Jacques-Saut*, et *Casfésoca.* A la vue de cet énorme rocher qu'il nous fallait franchir, mes compagnons de voyage furent stupéfaits ; ils ne pouvaient comprendre qu'il fallût passer par-dessus. Cette opération s'acheva après deux heures de travail, et nous poursuivîmes notre route. Après avoir passé deux autres sauts, nous arrivâmes à un établissement Indien, à *Maripa ;* nous y fîmes halte et y couchâmes. Dans la soirée, j'engageai deux autres Indiens comme chasseur et pêcheur, plus un petit canot qu'ils monteraient pour faire leur office : je leur recommandai de bien remplir leur devoir, afin que ces Messieurs n'eussent pas de reproches à leur adresser ; ils me le promirent, et tinrent parole. Je donnai à chacun d'eux un fusil, et ils s'armèrent aussi de leurs flèches.

Le 9 août, aussitôt qu'il fit jour, nos chasseurs partirent devant nous, un peu avant six heures ; nous les suivîmes de près. Nous passâmes quelques sauts dans cette journée, mais peu difficultueux à franchir, et nous arrivâmes au saut *Cachiri*, où nous trouvâmes nos chasseurs avec une grande quantité de poisson et de gibier. Nous passâmes ce saut, et allâmes camper, à 5 heures, sur un rocher situé sur la rive droite. Nos Indiens allèrent de suite couper de gros chevrons de 5 à 6 mètres de longueur, pour établir notre carbet ; voici comment ils installèrent ces chevrons : ils en prirent trois, qu'ils amarrèrent avec des lianes, à environ 1^m à 1^m, 33 des extrémités, puis les mirent debout ; et, dans cette position, ils en écartèrent les pieds les uns des autres à environ 2^m,66 à 3^m,33 de distance, de manière à former un triangle. Cette installation permet de pendre trois hamacs, et est appelée par eux *pataya*. Ils allumèrent des feux, firent cuire et boucaner le poisson et le gibier. M. Despagne trouva la chasse et la pêche tellement abondantes, qu'il voulut dire aux Indiens de ne pas en apporter autant ; je l'en détournai bien vite, car nous nous serions exposés à ne plus rien avoir. Je lui fis observer, que, du reste, cette abondance disparaissait rapidement, en présence de la faim incessante des Indiens ; effectivement, dans la nuit tout fut consommé, à l'exception de ce qu'il nous fallait pour déjeuner.

Le 10, nous partîmes à 6 heures du matin. Ces Messieurs ne revenaient pas de la consommation de nourriture qu'avaient faite les Indiens pendant la nuit.

Nous avons traversé quelques sauts dans la journée, et sommes arrivés à l'Ancienne Mission de Saint-Paul, où nous ne nous sommes arrêtés qu'un moment. Je montrai à ces Messieurs les ruines de l'église et du presbytère ; les poteaux sont encore debout.

Nous continuâmes notre route ; et, dans l'après-midi, nous allâmes camper sur un rocher au milieu de la rivière. Nos chasseurs y étaient déjà avec un chargement de gibier et de poisson : nous prîmes ce qui nous était nécessaire, et leur abandonnâmes le reste.

Le 11, nous partîmes à six heures du matin, et passâmes l'embouchure de la rivière *Notaïe*, à 10 heures. Après une journée de forte chaleur, nous arrivâmes à un saut sur lequel nous campâmes. Nos Indiens écorchèrent un très-beau tigre qu'ils avaient tué après plusieurs coups de feu et de flèches. Nous trouvâmes beaucoup d'autres Indiens des environs, qui enivraient du poisson ; ils font cette espèce de pêche l'été, pour la conserver dans la saison des pluies : ils la font bien boucaner, et la réduisent en poudre qu'ils mettent en calebasses. Dans l'hiver, où la vie est difficile, ils font une espèce de bouillie de cette poudre, qu'ils mangent avec du couac et beaucoup de piments.

Nous passâmes la nuit entourés de tous les Indiens qui se trouvaient là, et qui causèrent tout le temps ; ils paraissaient curieux de connaître le but de notre voyage.

Le 12, nous quittâmes notre camp à 6 heures du matin. Nous avons franchi plusieurs sauts dans cette journée, qui fut insupportable à cause de la chaleur. Nous dépassâmes la montagne appelée par les Indiens *Didia*, et arrivâmes à un village indien, au saut *Caillemoux;* nous y trouvâmes une trentaine d'aborigènes établis. Nous découvrîmes, aux alentours du village, de vastes abattis plantés en manioc, bananes, ignames et pistaches : nous les trouvâmes même à l'œuvre pour un grand abattis de vivres ; ils les font ordinairement très-grands. Voilà la manière dont ils s'y prennent : le chef de famille qui veut abattre des bois pour commencer un abattis, invite ses voisins, pour un jour fixé, à boire du cachiri qui a été préparé d'avance, ainsi que beaucoup de gibier et de poisson. Ils se réunissent quelquefois au nombre de quarante pour cette fête-travail, qui continue trois, quatre jours, jusqu'à ce que l'abattage des bois de l'abattis soit terminé. Nous fûmes un peu ennuyés par ces Indiens.

Le 13 août, quand il fit jour, nous partîmes, et allâmes coucher à l'embouchure du *Camopi*, rive gauche ; nous y passâmes une belle nuit : nous entendions souvent des cris de quadrupèdes et des chants d'oiseaux nocturnes. Vers la pointe du jour, le cri épouvantable du tigre se fit entendre, accompagné de celui du singe-hurleur ; ce concert discordant inquiétait un peu ces Messieurs, qui ne l'avaient jamais entendu.

Le 14, nous passâmes quatre sauts assez difficiles, et allâmes coucher dans un carbet indien, où nous trouvâmes une douzaine d'individus. Là, nous reposâmes mieux que la nuit précédente ; nous étions à couvert, et à l'abri des fortes rosées qu'on rencontre dans le haut Oyapock.

Le 15, nous nous mîmes en route à 6 heures du matin ; et, après avoir franchi plusieurs sauts, nous arrivâmes à un grand établissement situé sur la rive gauche : il y avait quinze carbets, et tous les alentours étaient plantés en manioc. Nous y trouvâmes plusieurs habitants d'Oyapock, qui faisaient des échanges avec les Indiens : du couac, contre divers objets qu'ils avaient apportés.

La nuit se passa dans ce village ; avant d'en partir, nous fîmes plusieurs cadeaux.

Le 16, aussitôt que parut le jour, nous nous embarquâmes et continuâmes notre route. Plusieurs canots, descendant la rivière, furent par nous rencontrés ; ils étaient chargés de couac, qu'ils portaient à divers commerçants qui étaient dans des villages. Après avoir passé quelques sauts, nous arrivâmes à l'embouchure de la rivière *Iaroupi*, où se trouve un petit village. Nous mîmes à terre, et, après avoir tout visité et fait quelques cadeaux, nous nous rembarquâmes et entrâmes dans ladite rivière Iaroupi, pour visiter un plus grand village situé non loin de son embouchure, à une heure environ de canotage. Ce village est composé de douze carbets et de soixante personnes; nous y trouvâmes plusieurs commerçants qui s'approvisionnaient de couac: MM. Tassel, Mosseron, etc. Le premier avait amené deux nègres avec lui, Victor et Baltimore, qui fraternisèrent avec le mien, appelé Modeste; ne me doutant de rien, je ne fis aucun cas de leur conversation, et j'eus tort. Le village ayant été visité, quelques petits cadeaux faits, nous partîmes, et, demi-heure après, nous étions dans la rivière d'Oyapock.

Arrivée chez le capitaine Ouananica. — Après avoir traversé encore quelques sauts, assez difficilement, nous arrivâmes chez le grand capitaine Ouananica, à 5 heures du soir. Nous trouvâmes là une assez grande quantité d'Indiens et treize carbets en tout. Ce chef nous fit installer dans une demeure voisine de la sienne. Nous l'engageâmes à dîner avec nous; il accepta avec grande satisfaction. Il n'était pas très-décemment vêtu, et causait fort souvent avec moi en me faisant des questions absurdes. Il but amplement, surtout des liqueurs spiritueuses, qu'il sut si bien apprécier, qu'il s'enivra complétement: alors, il devint si incohérent dans sa conversation, que l'ennui commençait à s'emparer de nous, lorsque ses femmes vinrent le chercher et l'emmenèrent; il était dix heures. Aussitôt qu'il fut parti, nous allâmes nous coucher, et les fatigues de la journée nous firent passer une nuit délicieuse.

Le 17 août, au lever de l'aurore, le capitaine Ouananica vint nous rendre visite; il me demanda quels étaient ces deux officiers qui m'accompagnaient? Je lui répondis que l'un d'eux était le commandant de tous les soldats à Cayenne, que l'autre était le représentant du gouverneur, et que ces Messieurs étaient envoyés par lui pour visiter toute sa peuplade et s'informer si elle n'avait aucun sujet de mécontentement à articuler contre les voyageurs qui viennent la visiter. En réponse à ma demande, il me dit que bien des voyageurs qui se rendent chez eux pour acheter du couac, trompent souvent les Indiens en leur faisant payer deux et jusqu'à trois fois le même objet. Je fis part à ces Messieurs de ce qu'il venait de me dire : ils en prirent note, et assurèrent le capitaine que de pareilles exactions n'arriveraient plus ; et que si, plus tard, il avait encore à se plaindre pour le même sujet, qu'ils le conseillaient de porter sa plainte à Cayenne, et que ceux qui se seraient rendus coupables seraient sévèrement punis, car l'intention de M. le gouverneur est que les Indiens ne soient pas trompés ni tourmentés. Le capitaine fut très-content de cette assurance, et parut rassuré pour la suite. Il fit assembler toute sa peuplade, et lui dit le but de notre voyage chez elle. Aussitôt, toute cette bande s'occupa des préliminaires d'une danse pour le lendemain. Le capitaine envoya à la chasse et à la pêche. Nous trouvâmes dans ce village la dame Célestine, indienne d'origine, qui avait avec elle un noir nommé Bastion, qui se lia intimement avec le mien (Modeste) : ils causèrent beaucoup toute la nuit ; je n'y fis aucune attention.

Disparition du nègre Modeste et de trois de ses camarades. — Le soir, sur les six heures, un de nos Indiens me demanda mon fusil, pour, le lendemain matin, aller tuer des *hoccos ;* je connaissais cet Indien, je ne fis aucune difficulté de lui remettre mon arme, avec ma poire à poudre, qui contenait environ 40 coups, une boîte de capsules, et du plomb. L'Indien reçut tous ces objets, et alla les mettre dans un petit carbet dans lequel il couchait, situé au bord de la rivière. Dès qu'il fit jour, il vint me trouver et me demanda si j'avais pris ou fait prendre mon fusil? Je lui répondis que non. Pendant que je lui parlais, les chasseurs vinrent nous dire que leur canot avait été pris dans la nuit. Ne me doutant de rien, je fis appeler mon nègre Modeste; il avait disparu avec Bastion, le nègre de Mme Célestine. Je pensai que c'était pour aller tuer des *hoccos,* que tous les jours on entend chanter à la pointe du jour, qu'ils s'étaient absentés en prenant un canot et un fusil; que plus tard je les verrais revenir. Toute la journée se passa en conjectures. Pourtant, la danse s'anima et continua toute la journée. Vers quatre heures de l'après-midi, un canot, amenant M. Tassel, nous annonça que, dans la nuit, deux nègres, appelés Victor et Baltimore, avaient disparu, emportant avec eux deux *croucroux* de couac. Je pensai de suite que ces quatre nègres étaient descendus à Oyapock, pour piller chez nous tout ce qu'ils pourraient, puis aller marron : cette idée me donna beaucoup d'inquiétudes.

Le 18 août, je fis part à ces Messieurs des inquiétudes qui m'assiégeaient, et leur dis que j'étais dans la nécessité de descendre à Oyapock; ils ne voulurent pas m'abandonner : alors, nous fixâmes le départ de retour pour le lendemain matin. Le plaisir que nous avions de voir le divertissement des Indiens, se changea en tristesse, surtout pour moi; je n'avais laissé qu'un seul nègre pour garder ma maison, et je craignais toujours le pillage des quatre qui nous avaient quittés.

Attentat contre nous. — Le 19, de grand matin, nous préparâmes notre départ, et, après quelques cadeaux distribués, nous nous embarquâmes; demi-heure après, nous passions devant le village à l'embouchure de l'*Iaroupi :* nous prîmes terre pour un instant. Nous y apprîmes que les Indiens avaient vu nos nègres qui descendaient la rivière dans un petit canot. Nous fîmes quelques cadeaux au chef de ce village et à sa femme, qui nous donna des ignames, des pistaches, des bananes et quelques volailles. Deux heures après avoir quitté ce village, nous arrivâmes à celui où nous avions laissé le sieur Léandre, habitant d'Oyapock, qui nous dit que, dans la nuit du 18 au 19, les quatre nègres étaient venus et avaient pris de la poudre, du plomb, et deux fusils simples ; qu'ils étaient repartis de suite, pour descendre la rivière. Nous continuâmes notre route, et, à quatre heures, en passant un saut très-difficile, nous entendîmes le bruit de deux capsules, que nous sûmes plus tard être deux coups de fusil ratés sur moi et sur M. Despagne.

Baltimore se noie. — Un peu plus loin, nous trouvâmes un chapeau que les Indiens reconnurent être au nègre Baltimore, qui, en effet, s'était noyé en passant le saut. Les autres naufragés s'étaient sans doute réfugiés dans les bois, pour nous attendre au passage. Nous allâmes encore pendant une heure à descendre, au bout de laquelle nous campâmes sur un rocher de la rive gauche ; toute la nuit nous fîmes bonne garde, pour ne pas être surpris par ces nègres marrons.

Le 20, nous partîmes de grand matin, et nous arrivâmes, à trois heures de l'après-midi, dans un village où nous passâmes la nuit. Les Indiens nous assurèrent n'avoir pas vu passer les nègres ; qu'ils devaient être derrière nous.

Renseignements donnés par un canot indien. — Une heure après notre arrivée dans ce village, un canot indien, venant du haut de la rivière, nous dit avoir vu les nègres à l'embouchure du *Camopi*, et que ceux-ci leur avaient dit qu'ils avaient failli se noyer dans un saut, et qu'ils avaient perdu le nègre Baltimore, qui, ne sachant nager, s'y était noyé ; qu'ils avaient tiré le canot au milieu des rochers, afin que nous ne le vissions pas en passant près d'eux : que leur intention était de faire feu sur nous, d'en tuer trois ou quatre des principaux, et de s'emparer de tout ce que nous avions; mais que, malheureusement pour eux, leurs fusils n'avaient pu partir, ayant été mouillés lors du naufrage. Ils demandèrent quelques renseignements sur la rivière du Camopi, en disant que leur intention était de se rendre chez les Indiens *Emérillons,* et de là chez les nègres *Bonis,* qui furent découverts dans une incursion malheureuse que fit le pharmacien naturaliste Leprieur, quelque temps avant. Nous fûmes convaincus qu'ils s'étaient vraiment dirigés vers les Bonis.

Le 21 août, nous nous mîmes en route à six heures du matin; il nous tardait d'arriver à Oyapock. M. Ainauld, aide de camp, était déjà assez dangereusement malade de fièvres qu'il avait gagnées peu de jours après notre départ d'Oyapock; il était fort affaibli, et nous craignions pour lui. Nous vînmes camper à l'embouchure de la rivière *Notaïe,* rive droite.

Le 22, nous partîmes de bonne heure; nous traversâmes quelques sauts, et l'Ancienne Mission de Saint-Paul, à midi; à quatre heures, nous nous arrêtâmes à l'embouchure de la rivière *Armontabo.* Nos Indiens firent une belle pêche à la flèche, qu'ils firent boucaner la nuit.

Indien perdu. — Le 23, au moment de nous embarquer, nous nous aperçûmes que l'Indien appelé Dent ne se trouvait pas avec nous; nous allâmes à sa recherche, aux alentours de notre camp. Pendant quatre heures, nos démarches furent infructueuses; alors, nous fûmes contraints de partir, le regret dans l'âme. Nous allâmes coucher au saut *Cachiri :* en le descendant, le commandant Despagne fut intimidé; il m'avoua, après, qu'il avait été très-ému pendant cette descente rapide, et qu'il ne recommencerait plus de pareils voyages.

Nous n'avions pas de nouvelles de notre Indien perdu : cette circonstance m'occasionnait une peine infinie, car cet enfant des bois ne m'avait accompagné que parce que je le connaissais ; comment apprendrais-je ce malheur à sa femme, qui était restée à Oyapock?

Fin du voyage. — Le 24 août, dès que le jour parut, nous nous embarquâmes, et, après avoir franchi quatre sauts, nous atteignîmes celui dit *Grandes-Roches,* que nous mîmes deux heures à passer. Trois bonnes heures après, nous arrivâmes chez moi. Tous les Indiens furent payés et récompensés à leur satisfaction.

Ces Messieurs couchèrent chez moi, et partirent le lendemain, 25, pour joindre une goëlette en partance pour Cayenne, qui se trouvait au bas de la rivière.

Ils me laissèrent le paiement de l'Indien qui avait disparu, pour que je le remisse à sa femme, qui probablement viendrait chez moi. Je n'attendis pas sa visite ; je me rendis chez elle, et lui racontai en détail ce triste épisode de notre voyage : elle ne manifesta aucune émotion. Je lui remis tous les effets de son mari, sans oublier le paiement de son voyage ni les cadeaux.

L'Indien retrouvé huit jours après. — Environ huit jours après, on vint me dire que l'Indien que nous avions cru perdu ou mort, était arrivé à son carbet, par les grands bois. Je le fis immédiatement venir, et j'appris qu'il s'était égaré, sans pouvoir retrouver la route qu'il avait suivie ; qu'après avoir erré quatre jours au milieu de la forêt, il s'était rappelé ce que j'avais dit la fois que je m'étais égaré à Quéricourt, de suivre le premier ruisseau qu'on rencontrerait, qu'indubitablement il nous conduirait à une crique, et cette crique sur le bord de la rivière ; qu'il suivit cette indication, qui le conduisit à la rivière, qu'il cotoya ensuite jusqu'au saut *Grandes-Roches,* et de là chez lui. Sa femme ne put pas être plus heureuse que moi de la résurrection de cet Indien, que je croyais avoir été dévoré par un tigre. Je m'empressai d'en faire part, à Cayenne, à mes compagnons de ce triste voyage pour moi. Il n'en fut pas ainsi de mon nègre Modeste, qui, après être resté six mois chez les Bonis, me fut ramené par eux. Je ne rappellerai pas les circonstances fâcheuses arrivées à cette occasion ; je me bornerai à dire que mon nègre fut conduit à Cayenne, et, par décision du conseil privé, condamné à la déportation, avec les trois autres : il m'avait coûté 2,400 francs, et l'administration ne me le paya que 1,140 francs : telle fut la récompense que j'obtins du pénible voyage que j'avais fait pour le Gouvernement en accompagnant MM. Despagne et Ainauld.

Je séjournai plusieurs années chez moi, faisant de temps en temps un voyage dans le *Ouassa*, où je faisais la chasse aux aigrettes à panache et des salaisons de poisson et de gibier.

AUTRE VOYAGE DANS L'OYAPOCK.

— 1842. —

Quand l'affaire malheureuse des nègres Bonis, arrivée à Oyapock en 1842, fut assoupie, je me mis en mesure de faire d'autres voyages ; mais, comme le gouverneur avait défendu la navigation du haut Oyapock à moins d'être muni d'un passeport signé de lui, je fus retardé dans l'exécution de mes projets. Je fis la demande d'un de ces passeports, que j'obtins le 10 juillet 1842 ; alors, je fis mes préparatifs, qui consistaient en bonnes et assez fortes embarcations qui pussent porter beaucoup de couac, en marchandises pour échanger, et en quatre équipages d'Indiens pour quatre canots bien armés.

Départ. — Je partis de chez moi le 15 juillet 1842, à midi, avec mon escadre-flotille armée de 17 hommes, moi compris. Après quelques heures de navigation, nous arrivâmes au saut *Grandes-Roches;* nous le passâmes avec assez de facilité, vu notre nombre, et nous couchâmes dans cet endroit sur le rocher appelé *Grande-Roche.*

Le 16, nous nous mîmes en route dès 6 heures, et franchîmes quatre sauts. Les Indiens fléchèrent beaucoup de *pacoux* et de *coumaroux.* Nous couchâmes chez le patron de mon canot, au pied du saut. Cet Indien se nomme Paul; c'est un des meilleurs patrons pour les sauts. Là, il amena avec nous deux de ses enfants; son carbet resta sans gardien.

Le 17, nous partîmes à 6 heures du matin; nous traversâmes le saut *Cachiri,* sans grandes difficultés, ayant beaucoup de monde, et allâmes coucher, après avoir encore passé 4 sauts, à l'établissement du capitaine Alexis, mon guide et patron lors mon voyage en 1819 chez les Oyampis. Ce vieillard n'y habitait plus depuis trois ans; nous y trouvâmes deux Indiens.

Le 18, nous nous embarquâmes à 5 heures et demie, passâmes deux sauts, et arrivâmes, à 2 heures, à l'Ancienne Mission Saint-Paul. Nous y avons vu une croix qui avait été plantée, lors de l'expédition ordonnée par le Gouvernement quelques années avant, par M. Bodin, ingénieur géographe; M. Caillard, médecin, et M. Fournier, prêtre. Je fis porter tout le respect dû à cette croix, qui avait un bras tombé et que je fis remettre en place. Nous passâmes un moment dans cet endroit, que je revoyais avec plaisir : il me rappelait mes voyages de 1819 et 1822. Nous en partîmes ; et, après trois heures de navigation, nous arrivâmes, à 5 heures, à l'embouchure de la rivière *Notaïe*. Nous trouvâmes le bon vieux capitaine Alexis, qui s'y était établi ; ce vieillard me reçut avec grand plaisir : il m'embrassa, en me disant qu'il était enchanté de me revoir. Il me demanda où était mon ancien compagnon de voyage, M. Charvet ? Je lui dis qu'il était mort aussitôt notre arrivée à Cayenne ; il en parut affligé. Il me donna des poules, des bananes, etc., etc. Il me témoigna le plaisir qu'il aurait de venir avec moi ; mais je ne pus l'accepter, à cause d'une énorme quantité d'enfants qu'il aurait fallu nourrir, ce qui eût été fort dispendieux. Je le remerciai, et lui fis des cadeaux, ainsi qu'à ses enfants.

Le 19, nous partîmes dès 6 heures du matin, et arrivâmes à la montagne Didia, à 4 heures ; nous y couchâmes.

Le 20 juillet, nous quittâmes notre camp de grand matin, et, après avoir traversé quelques sauts, nous arrivâmes à un village indien qui se trouve au pied du saut *Ouail-ouail-roux*. Je fis quelques échanges avec les Indiens de ce village, pour du couac qu'ils se sont engagés à me livrer à mon retour.

Le 21, nous partîmes de là à 6 heures du matin, et arrivâmes à l'embouchure du *Camopi;* nous y avons encore trouvé une croix plantée par la commission dont j'ai déjà parlé. Nous y couchâmes.

Le 22 juillet, nous nous mîmes en route à 5 heures et demie du matin ; nous passâmes trois sauts, et arrivâmes à un autre village, où j'ai fait également des échanges pour du couac à livrer à mon retour. Nous y restâmes environ trois heures, et repartîmes à 2 heures. Nous navigâmes jusqu'à 6 heures ; à cette heure, nous arrivâmes dans un autre village : j'y fis de nouveaux échanges pour du couac à livrer. Je reçus plusieurs cadeaux de divers Indiens qui me connaissaient depuis quelques années. Je leur en fis également; ils me rappelèrent mes voyages de 1819 et de 1822.

Le 23, nous partîmes à 6 heures du matin, et arrivâmes dans un autre village, où je continuai mon commerce d'échanges en couac, hamacs, flèches et arcs, et divers oiseaux vivants. J'eus assez de couac pour charger une de mes embarcations, que j'expédiai à Oyapock le lendemain, 24 juillet, journée que je passai à faire des échanges avec les Indiens.

Le 25, nous nous mîmes en route de grand matin, et, après trois heures de navigation, nous arrivâmes à l'embouchure de la rivière *Yavé*, rive droite, où se trouve un autre village. Je fis là, comme dans les autres endroits où je m'arrêtai, des échanges : j'avais beaucoup de couac ; je louai deux canots, et je l'expédiai à Oyapock.

Le 26, nous quittâmes ces bords, à sept heures ; après deux heures de route, nous arrivâmes à un petit village. J'y fis quelques emplettes de couac, oiseaux et hamacs ; puis nous continuâmes notre voyage : nous allâmes coucher à l'embouchure de la rivière *Iaroupi*, où se trouve un village. Là je trouvai assez de couac pour en charger deux canots ; j'en louai un, et, avec un des miens, je les expédiai pour Oyapock.

Le lendemain, 27, nous entrâmes dans cette rivière d'Iaroupi, et, une heure après, nous arrivâmes à un village. J'y fis, comme toujours, des échanges, mais peu importants. Deux heures plus tard, nous repartîmes ; et, après deux heures de navigation en montant cette rivière, nous arrivâmes à un second village : mais personne ne s'y trouvait ; nous repartîmes tout de suite, et arrivâmes bientôt à l'embouchure, où nous reprîmes l'Oyapock et continuâmes à le remonter. Nous arrivâmes à 6 heures du soir chez le capitaine Ouananica. Il nous reçut fort bien ; il fit des

échanges avec moi, et me promit de venir avec moi à
Oyapock lorsque je descendrais : il me tint parole.

Le 28 juillet, nous nous mîmes en route à huit heures du
matin, et, deux heures après, nous arrivâmes chez le
capitaine Tapayaour ; nous trouvâmes chez lui un grand
nombre d'Indiens, avec lesquels je fis beaucoup d'échanges :
je fis aussi quelques cadeaux au capitaine, qui en fut très-
satisfait. Je louai encore un canot armé de trois Indiens,
que j'expédiai à Oyapock, chargé de couac, le lendemain
matin.

Le 29, mes préparatifs étant faits, nous partîmes à 10
heures, et allâmes coucher à *Samacou*, crique située sur
la rive gauche ; là se trouve un fort village. J'y fis encore de
nombreux échanges avec les Indiens, contre du couac,
des hamacs, des canots, des oiseaux vivants, etc.

Le 30, nous nous mîmes en route à 8 heures du matin.
Nous traversâmes six sauts, et allâmes coucher, au dernier,
sur un rocher au milieu de la rivière. Mes Indiens prirent
un cerf dans la rivière, et tuèrent beaucoup de gibier dans
cette journée.

Le 31, nous partîmes à 6 heures, et, après trois heures de
marche en canot, nous arrivâmes à l'embouchure de la rivière
Moutoura, rive droite d'Oyapock, dans laquelle nous
entrâmes, et la remontâmes pendant environ deux heures ;
arrivés au village de ce nom, nous trouvâmes beaucoup
d'Indiens. Je fis, comme à Samacou, une grande quantité
d'échanges. Mais, mes marchandises étant presque toutes
débitées, je fus contraint de terminer mon ascension dans
cette rivière et dans celle d'Oyapock, à ce village. J'achetai
là trois canots, et beaucoup d'autres objets ; aussi, après
avoir payé les Indiens que j'avais pris pour former mes
nouveaux équipages, il ne me resta plus rien.

Je pressai les Indiens dans la manipulation du couac

qu'ils devaient me donner, afin de partir pour le bas Oyapock le plus tôt possible ; mais je fus obligé d'attendre dix jours. Pendant ces moments de loisir, j'allais me promener dans le bois avec mes Indiens ; je trouvai, dans les environs, une forte quantité d'insectes appelés *porte-lanternes*. Cet animal rare se nourrit de la sève du *bois-grage ;* j'en fis une bonne collection. Mes Indiens m'apportaient tous les jours des monceaux de gibier et de poisson.

Je les pressais continuellement, désirant ardemment de partir. Enfin, le onzième jour, je me trouvai prêt à me mettre en route. Je fis charger mes canots ; et, le 13 août, nous partîmes pour le bas Oyapock : mais avant de quitter ces Indiens, je leur fis quelques cadeaux, surtout aux plus anciens. Le courant nous faisait descendre rapidement ; aussi nous arrivâmes, peu de temps après, à *Samacou,* où nous nous arrêtâmes pour prendre du couac et le canot que j'y avais laissé. Je trouvai tout prêt, et nous continuâmes notre route jusqu'à l'autre village, où nous trouvâmes aussi tout prêt à être embarqué. Le capitaine me fit cadeau d'un beau singe-hurleur ou singe-rouge ; je lui donnai, à mon tour, une livre de poudre et un sac de plomb, ce qui lui fit plus plaisir que tout autre chose.

Nous allâmes coucher chez le capitaine Ouananica, qui nous attendait depuis quelques jours ; il avait fait tous ses préparatifs de départ, et était prêt à nous accompagner avec quatre Indiens. Il me manquait un patron dans mon canot ; je le priai de m'en faire avoir un bon, et aussitôt il me donna son fils, en m'assurant que je pouvais me fier à lui.

Le 14 août, dès six heures du matin, je fis le branle-bas ; tous ceux qui devaient partir se rendirent à leurs canots respectifs, et nous quittâmes ces bords. Une heure après, nous arrivâmes à l'embouchure de l'*Iaroupi,* où je fis embarquer toute les denrées qui m'étaient destinées, et nous repartîmes de suite. Arrivé à un autre village, je trouvai tout ce qui m'avait été promis prêt; je le fis encore embarquer, et nous continuâmes notre route jusqu'à un autre village, où nous passâmes la nuit.

Perte d'un canot. — Le 15, notre départ eut lieu à six heures du matin, après avoir chargé tout ce que j'avais à prendre dans ce village. Nous arrivâmes chez les Indiens du saut *Ouail-ouail-roux;* en passant ce malencontreux saut, un de mes canots s'emplit, et je perdis trente-deux paniers de couac, environ 800 k, et quelques oiseaux. Ce ne fut pas, malheureusement, le seul accident qui devait m'arriver dans ce voyage, qui avait si bien commencé.

Nous couchâmes sur le lieu du sinistre.

Le 16 août, nous reprîmes notre route à huit heures du matin, et nous ne nous arrêtâmes qu'à l'embouchure de la rivière *Notaïe,* où se trouve le carbet du capitaine Alexis, qui en était absent depuis deux jours; il avait remonté cette dernière rivière, pour avoir de la chasse et de la pêche, afin de bien me recevoir à mon passage. Je lui laissai du tabac et du tafia.

Le 17, nous partîmes à six heures, et, une heure après, nous arrivions à l'Ancienne Mission Saint-Paul; nous passâmes sans nous arrêter, et allâmes coucher au saut *Armontabo*, qui se trouve à l'embouchure de la rivière qui porte ce nom.

Nous avions, dans la journée du lendemain, les sauts les plus dangereux à franchir; je n'étais guère rassuré avec mes embarcations, qui avaient un peu trop de chargement. Je prévoyais ce qui devait m'arriver.

Naufrage et perte d'un Indien. — Le 18 était ce lendemain que je craignais; nous nous mîmes en route : cinq sauts furent passés sans accident; mais au saut *Cachiri,* dont les eaux tombent de dix-huit chutes élevées de 50 mètres, j'eus deux canots qui furent engloutis et défoncés sur les rochers, et, perte plus douloureuse, un Indien se noya dans cet endroit maudit ; mes recherches furent vaines pour trouver son cadavre, afin de lui donner la sépulture. Le capitaine Ouananica ne prononça que ces seuls mots sur ce déplorable accident : « C'est un malheur. » Nous retirâmes de l'eau quelques croucroux de couac, mais ce couac était gâté ; je perdis aussi un de mes bons fusils doubles.

Cette seconde perte s'élevait à une valeur d'environ mille francs. Nous couchâmes dans cet endroit de désolation, ayant toujours sous les yeux le lieu fatal, tombeau du pauvre Indien.

Le 19 août, aussitôt que parut le jour, je mis tout le monde à la recherche du cadavre de l'Indien, mais toutes nos démarches furent infructueuses. Il fallut partir. Nous avions d'autres sauts dangereux à franchir : le courage ne devait pas faillir, surtout chez moi ; car il fallait en donner aux Indiens, qu'un rien décourage. Je leur remontai un peu le moral, et en cela Ouananica me seconda puissamment : il s'embarqua dans un canot, son fils le suivit, et tous les autres, à son exemple, en firent autant. Nous nous mîmes en route à midi. Nous passâmes les autres sauts sans accident, et arrivâmes à celui *Grandes-Roches*. A la vue de ce dernier saut, mes Indiens reprirent courage, et nous le passâmes rapidement.

Arrivée. — Il était temps d'arriver ; car je ne mets pas en doute que si nous avions encore eu une longue route à parcourir, les Indiens auraient refusé d'aller plus loin. Je mis à terre chez moi, à huit heures du soir. Aussitôt arrivé, je fis donner à boire à mes hommes ; c'est un immense bonheur pour eux, surtout après un voyage : chez eux, ils se gorgent de cachiri ; chez nous, ils dégustent le tafia.

Le 20, je congédiai mes Indiens ; j'avais très-bien reçu le capitaine Ouananica, qui prit congé de moi, et repartit, dans la journée, avec les autres, non sans avoir reçu quelques cadeaux, entre autres un fusil à deux coups.

Ce brave Ouananica fut tué quelque temps après, et voici comment : Les Bonis étaient descendus à Oyapock, et commettaient des exactions chez tous les Indiens du haut Oyapock. Ouananica résolut de les combattre ; pour cela, il prit avec lui plusieurs de ses hommes, et alla à la rencontre des Bonis. Pendant qu'il combattait en brave, ses Indiens, emportés par la peur, l'abandonnèrent ; néanmoins, il fit bonne contenance : mais, accablé par le nombre, il expira mutilé de coups de sabre ; il avait sur le corps 89 blessures.

⸺ ❈ ⸺

VOYAGE AU COURIPI, A ROCAOUA ET A OUASSA.

— D'octobre 1842 à janvier 1843. —

Peu de temps après mon arrivée du dernier voyage dont je viens de parler, j'en entrepris un autre dans les rivières de *Couripi*, *Rocaoua* et *Ouassa*, dans le but de faire des collections.

Je partis de chez moi le 10 octobre 1842, et revins le 18 janvier de l'année suivante. J'éprouvai bien des contrariétés et des privations dans ce voyage ; j'en revins très-malade.

Quelques mois après, ayant complétement recouvré la santé, j'entrepris encore les voyages de l'intérieur, que j'ai continués jusqu'en 1847, époque à laquelle les maladies me forcèrent de les abandonner pour toujours et de partir pour la France, chercher la santé que j'avais perdue.

A mon retour de mon pays natal, je vendis mon habitation, et me retirai à Cayenne, où souvent ces souvenirs de voyages viennent m'assaillir.

NOTES.

La *salsepareille* indigène était inconnue à la Guyane française avant la découverte que j'en ai faite, et celle qu'on y importait était tellement rare, qu'elle se vendait, pour ainsi dire, à tout prix : de 15 à 16 fr. la livre, en 1819 ; elle formait alors une des plus importantes branches de commerce du Brésil. Cette plante est un des principaux sudorifiques connus, et s'emploie avec grand succès dans les maladies invétérées : elle était donc indispensable aux colonies, surtout pour le traitement du *piout,* de la lèpre et des affections syphilitiques, qui sont si fréquentes chez les nègres ; à quelque prix qu'elle se vendît, il en fallait absolument. Aujourd'hui, elle est à bien meilleur marché ; car elle ne se vend plus que de 2 à 3 fr. le demi-kilogramme : voilà le bon résultat de ma découverte.

M. Le Blond, médecin-naturaliste, a été envoyé à la Guyane par le roi Louis XVI, en 1787, à la recherche du *quinquina ;* il a parcouru l'Oyapock en 1788, et a été émerveillé de la beauté des sites et de la fertilité du sol. Il conseilla alors au Gouvernement d'établir une colonie dans le haut de cette rivière.

Je crois, comme lui, qu'une colonie de blancs, entreprise avec prudence, dirigée avec soin, réussirait dans le haut Oyapock. Je puis donner une opinion sur cette matière ; car non-seulement j'ai habité ce pays plus de 20 ans, mais encore je l'ai parcouru dans tous les sens. On pourrait faire travailler les Européens depuis 6 heures du matin jusqu'à 10 heures, et de 3 heures à 6 heures du soir, l'été ; l'hiver, ils seraient employés aux petites cultures du café, du cacao, à l'exploitation des bois d'ébénisterie : ils pourraient aussi s'occuper de l'élève du bétail dans les belles savanes du Ouassa, supérieures à celles de sous le vent. Le bétail de boucherie, dans ce quartier, serait rendu par eau à Cayenne dans 24 heures.

Les Jésuites, qui se connaissaient en colonisation, on ne peut le nier, avaient choisi l'endroit appelé aujourd'hui *Ancienne Mission de Saint-Paul,* pour fonder une colonie.

Oyapock est le quartier de la Guyane où la vie est plus facile, et où l'eau est meilleure; le poisson et le gibier y abondent.

Je conseillerai, comme M. Le Blond l'a fait, de fonder une colonie à l'ancienne mission Saint-Paul, et des ménageries dans les savanes du Ouassa. Pour cela, il faudrait avoir des cases construites et un terrain défriché une année à l'avance; le Gouvernement ferait l'avance d'outils aratoires, de vin, de farine, etc., aux nouveaux colons, pendant une année. Des abattis de manioc, d'ignames, de patates, etc., seraient également plantés un an d'avance. Des canots, des lignes, de pêche, des fusils des munitions, leur seraient fournis la première année, à titre d'avances remboursables.

Un officier de santé et un missionnaire, salariés par l'État, seraient attachés à la colonisation.

J'oubliais de parler d'un travail très-productif auquel les colons pourraient se livrer; ce serait le sciage des planches de grignon, d'acajou, de cèdre, de carapa, etc.

Il est vraiment déplorable de voir un pays aussi beau, aussi riche, possédant toute espèce d'avantages, abandonné comme stérile et mauvais. Pourtant, sa température est convenable (à Saint-Paul), sa végétation est belle et vigoureuse, sa fécondité est précoce. Dans ces grands bois, tout vient admirablement, et les Indiens ne sont pas agriculteurs. La nourriture est facile dans ce pays; les forêts abondent de gibier, et les rivières de poisson de toute espèce : on peut y vivre sans presque rien dépenser.

L'intérieur de la Guyane possède des mines de fer, d'or et d'argent; mais jamais de recherches sérieuses n'ont été faites. Moi, je puis affirmer avoir vu, dans l'intérieur, des montagnes qui contiennent soit de l'or, de l'argent, du fer, ou tout autre métal. Les bois de construction qui pullulent dans ces forêts vierges, sont de la première beauté. Des machines à eau pourraient, à peu de frais, être construites sur la rivière, et fournir des planches de manière à encombrer l'Europe entière; les bois, pour cette exploitation, sont à pied d'œuvre, et des machines pourraient être établies sur chaque saut.

Il serait trop long de signaler tous les avantages que l'on pourrait tirer de ce beau pays, ruiné par l'émancipation de 1848. Toutes les cultures ont été abandonnées. L'habitant qui a été assez heureux ou assez prévoyant pour avoir fait quelques économies, n'a plus qu'à se retirer en France, abandonnant à la nature sa riche propriété, qui redevient forêt peu de temps après. Mais celui que son état de fortune cloue dans ce pays, est obligé de s'abandonner au découragement; il ne trouve rien à faire, la misère s'empare de lui, la nostalgie arrive, et peu à peu il finit, dans le chagrin, la misère et l'abandon, une carrière brillamment commencée. Aussi, voyons-nous, depuis l'émancipation, des épidémies telles que la fièvre jaune, la rougeole, et d'autres encore, qui déciment la population d'une affreuse manière. Ces épidémies proviennent de l'abandon des cultures; les terrains sur lesquels elles étaient, surtout celles en terre basse, ne sont aujourd'hui que des marais infects qui exhalent des miasmes délétères.

Déjà la métropole ne nous expédie plus de navires, ou presque plus : cela se comprend; les revenus de la colonie sont réduits des deux tiers depuis la liberté des noirs, et diminuent tous les ans. Ainsi, point de denrées, point d'argent, point de commerce.

Les petits habitants qui ne possédaient que quelques esclaves, ont été réduits à vendre leurs modiques indemnités à vil prix, pour *manger;* et, aujourd'hui, ils sont dans la plus affreuse misère. Ceux qui en possédaient beaucoup, devaient plus qu'ils n'avaient, et des saisies-arrêts les ont ruinés de fond en comble. Cet état est affreux, pour des personnes qui n'avaient jamais connu le besoin extrême.

J'ai perdu, à la Guyane, mon temps, ma jeunesse et ma santé, après un séjour de trente-huit années.

Cayenne, le 10 décembre 1849.

M. Belin, ingénieur géographe, avait déjà avant moi parfaitement reconnu que la Guyane française renfermait des terrains aurifères. Dans mon voyage de 1819, je rapportai des échantillons de terre de divers parages, et je les remis à M. Bannon, alors pharmacien en chef de Cayenne, depuis mort à Montpellier. Celui-ci en fit l'analyse et les reconnut pour des terres aurifères, mais aucune recherche ne fut entreprise à cet égard. La véritable découverte des mines d'or qu'on veut exploiter aujourd'hui, n'est réellement due, malgré nos indications, qu'au hasard. L'Indien Paoline, d'origine brésilienne, étant allé chercher de la salsepareille dans le haut de la Prouague et de la Rotaïe, y trouva des parcelles d'or qu'il rapporta à Cayenne, et les remit à M. Chaton, ancien consul français au Para, qui, de son côté, fit part de cette découverte au Gouvernement. Les autorités supérieures ordonnèrent alors, dans ce pays, une expédition qui eut les meilleurs résultats. Une compagnie s'empressa de se former à Cayenne, et réalisa, au moyen d'actions de cent francs chacune, une somme de quinze cent mille francs. Les colons de Cayenne furent seuls admis à souscrire, dans l'espoir d'obtenir du Gouvernement la concession des mines. Ce serait pour eux un dédommagement, qu'ils méritent à juste titre, des pertes immenses que leur a fait éprouver l'émancipation des esclaves, pertes qui ne seront peut-être jamais comblées. On travaille sans relâche à la recherche de l'or, et nous pouvons dire que l'avenir s'annonce cependant moins triste pour Cayenne; car, d'après les dernières nouvelles que nous avons reçues, nous savons que l'on trouve plus d'or que jamais. Un individu, avec quinze ouvriers, a fini par rencontrer, après huit jours de travail, un kilo d'or, et un autre, une pépite d'or de 271 grammes. Espérons donc que cette colonie, aujourd'hui à l'agonie, va se relever, en se procurant les moyens d'avoir des bras pour faire revivre ses riches cultures, depuis longtemps abandonnées faute de travailleurs.

Nantes, le 15 novembre 1856.

TABLE DES MATIÈRES.

Nantes, Imprimerie And GUÉRAUD et Cie, rue Basse-du-Château, 6.

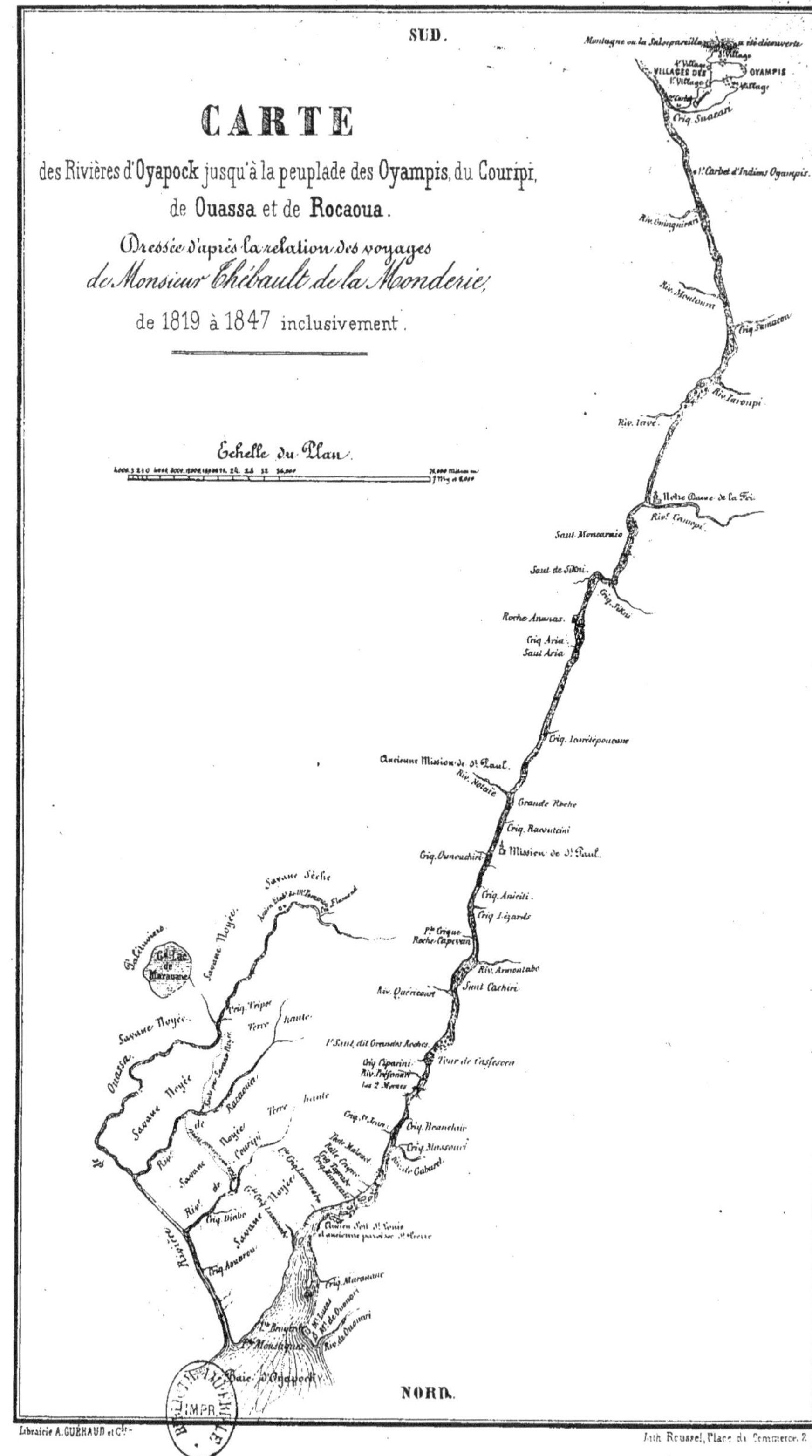

SUD.
NORD.
CARTE
des Rivières d'Oyapock jusqu'à la peuplade des Oyampis, du Couripi,
de Ouassa et de Rocaoua.
Dressée d'après la relation des voyages
de Monsieur Thébault de la Monderie,
de 1819 à 1847 inclusivement.
Echelle du Plan.
Montagne ou la Salsepareille a été découverte
Village
4e Village
VILLAGES DES
OYAMPIS
3e Village
2e Village
Carbet
Village
Criq. Suatari
1er Carbet d'Indiens Oyampis.
Riv. Oninquiran
Riv. Moutouri
Criq. Sainacou
Riv. Taroupi
Riv. Iavé.
Notre Dame de la Foi.
Riv. Camopi.
Saut. Moncarnio
Saut de Sikini.
Criq. Sikini
Roche Ananas.
Criq. Aria
Saut Aria
Criq. Iouriépoucane
Ancienne Mission de St Paul.
Riv. Notaie
Grande Roche
Criq. Raroutcini
Criq. Ononouchiri
Mission de St Paul.
Criq. Aniriti.
Criq. Lézards
Pte Crique
Roche Capevan
Riv. Armoutabo
Saut Cachiri
Riv. Quérroart
1er Saut. dit Grandes Roches.
Savane Sèche
Notre Etat de Mr Tenace Flamand
Criq. Tripot
Terre haute.
Tour de l'asfescou
Criq. Ciparini
Riv. Préfontani
les 2 Mornes
Criq. St Jean
Criq. Branchau
Criq. Massoni
Riv. de Gabaret
Savane Noyée
Gd Lac
de Marauane
Palétuviers
Savane Noyée
Savane Noyée.
Ouassa.
Savane Noyée
Rocaoua.
Terre haute
de
Couripi
Savane Noyée
Terre haute
Riv.
Savane
de
Riv.
Criq. Dinbo
Criq. Anaarou
Ancien Sel. St Xenio
et ancienne paroisse St Pierre
Criq. Marauane
Baie d'Oyapock.
Riv. de Ouanari
Librairie A. GUÉRAUD et Cie
Imp. Roussel, Place du Commerce, 2.